测量平差程序设计

李玉宝　兰济昀　武峰强　编著

西南交通大学出版社

·成　都·

内容简介

本书在简要介绍 VB 程序设计语言和测量平差数学模型的基础上，以一个能够实现导线网、三角网、三边网、边角网，以及上述网形（包括各种角度、边长交会图形）任意组合而成的混合结构控制网平差计算的示例程序为主线，完整、系统、循序渐进地阐述经典测量平差程序实现方法。

复杂的编程技巧很难清晰、准确地阐述，因而一直是程序设计类教材的难点和短板。本书编著者在此方面作了努力尝试，通过对算法的深入介绍和代码的逐条注释，希望能够图文并茂、通俗易懂地阐述复杂测量数据计算问题的设计思想和实现技巧。

本书提供了示例程序的完整代码和典型算例，可供读者参考和验证，因此除可作为测绘工程专业本科生及研究生相关课程教材外，也可以供从事测量数据处理工作的专业人士参考。

图书在版编目（CIP）数据

测量平差程序设计／李玉宝，兰济昀，武峰强编著.
—成都：西南交通大学出版社，2015.2
ISBN 978-7-5643-3792-6

Ⅰ. ①测… Ⅱ. ①李… ②兰… ③武… Ⅲ. ①测量平差–高等学校–教材②BASIC 语言–程序设计–高等学校–教材 Ⅳ. ①P207②TP312

中国版本图书馆 CIP 数据核字（2015）第 037516 号

测量平差程序设计

李玉宝　兰济昀　武峰强　编著

责 任 编 辑	胡晗欣
封 面 设 计	墨创文化
出 版 发 行	西南交通大学出版社 （四川省成都市金牛区交大路 146 号）
发 行 部 电 话	028-87600564　028-87600533
邮 政 编 码	610031
网　　　　址	http://www.xnjdcbs.com
印　　　　刷	成都蓉军广告印务有限责任公司
成 品 尺 寸	185 mm×260 mm
印　　　　张	14.5
字　　　　数	361 千
版　　　　次	2015 年 2 月第 1 版
印　　　　次	2015 年 2 月第 1 次
书　　　　号	ISBN 978-7-5643-3792-6
定　　　　价	29.50 元

前　言

自 20 世纪 80 年代以来，电子计算机、光电测距、卫星定位、遥感等新技术迅速地被引入到测量领域。这些新技术的应用和持续发展，对测量理论和技术方法产生了革命性的影响，传统的光学仪器已经被自动化、数字化的测量设备所取代。在此新技术背景下，测量数据采集对作业人员的技术要求已经显著降低，而数据处理能力成为了衡量测量人员专业技术素质的重要指标。

"测量平差程序设计"或"测量数据处理程序设计"是测绘工程专业的必修专业课程，但由于各高校对本课程的定位存在差异及教学采用的程序设计语言不同，多采用自编讲义作为授课教材。

目前流行的编程语言较多，有些语言具有矩阵函数，可以极大地降低程序设计难度。本书编者认为学习程序设计课程，目的并不完全在于掌握测量平差程序设计方法本身，更重要的是通过学习复杂数值计算程序设计方法和技巧，培养逻辑思维能力，养成细致、周密的思维习惯。为达此目的就需要进行高强度的思维训练。若程序设计处理的问题没有一定难度，是达不到上述要求的。此外，VB 语言通俗易懂，语法与自然语言基本相同，可以使读者最大限度地将精力集中于掌握编程思想和技巧，因而是一门很适合教学要求的编程语言。

全书以 VB 语言编写的平差示例程序为主线，详细阐述控制网测量平差的数学模型、步骤、方法和实现技巧，并尽可能详尽地对程序代码作了逐一注释。示例程序在调式过程中，通过了几十个各类算例，可以处理各种单一或混合网型的经典平面网和高程网的平差计算问题。

本书由李玉宝、兰济昀、武峰强编著，具体分工为：兰济昀，第 1 章第 1~10 小节；武峰强，第 1 章第 11 小节；李玉宝，第 2~5 章，并完成全书校对及最后定稿工作。

编著者长期从事测量平差程序设计教学工作，本书是编著者多年教学经验的集成，但是受专业水平局限，疏漏不足之处仍难以避免。此外，控制网网型结构复杂多样，各种可能性很难被全部预测，因而示例程序还可能存在缺陷，编著者在此恳请读者不吝赐教，以便后续改进。

编著者

2015 年 1 月 4 日

前 言

目　录

第 1 章　VB 6.0 数值计算程序设计基础

1.1　VB 应用程序的基本结构

利用 VB 开发应用程序时，通过工程来管理构成应用程序的所有不同的文件。一个工程主要包括：

（1）跟踪所有部件的工程文件（.vbp）；

（2）窗体文件（.frm）；

（3）标准模块文件（.bas）；

（4）类模块文件（.cls）；

（5）资源文件（.res）。

1.1.1　模块及按模块划分的层次结构

Visual Basic 中的程序代码存储在模块中，模块是相对独立的程序单元。VB 系统提供的模块包括窗体模块、标准模块、类模块。三种模块都可以包含声明和过程，它们形成了如图1.1 所示工程的模块层次结构。

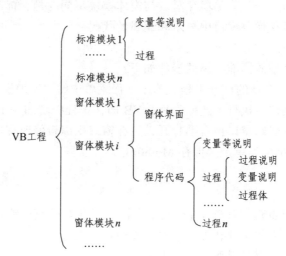

图 1.1　VB 应用程序的组织结构

1. 窗体模块

窗体模块包含窗体及其控件的属性设置、窗体变量的说明、事件过程（代码部分）、窗体内的通用过程和外部过程的窗体级声明等。每个窗体对应一个窗体模块，其文件扩展名为.frm。

一个 VB 应用程序至少应包含一个窗体模块。每个窗体模块包含菜单、命令按钮等控件。每个控件都有一个对应的事件过程，事件过程中有响应该事件执行的程序段。除了事件过程，窗体模块还可包含通用过程、函数过程，这些过程对来自该窗体中任何事件过程、通用过程或函数过程的调用指令作出响应。

2. 标准模块

简单的应用程序可以只有一个窗体，所用的程序都驻留在窗体模块中，而当应用程序比较复杂时，往往会采用多个窗体。复杂多窗口应用程序可能存在几个窗体模块共同执行的代码，为了在各窗体中不产生重复代码，VB 系统提供一种独立的模块，用于保存公用程序代码，该独立模块就称为标准模块。

标准模块是 VB 程序中的一个独立模块，包含模块级或全局变量声明、函数过程和通用过程，标准模块的文件扩展名为.bas。一个应用程序可以没有标准模块，也可以包含多个标准模块。

为了提高开发效率，通常将那些与特定窗体或控件无关的代码放入标准模块，写入标准模块的代码不与特定应用程序绑定。标准模块中除包含允许其他模块访问的过程，还包括变量、常量、数据类型、外部过程的全局或模块级声明。

（1）使用标准模块。

在缺省状态下，变量对于过程是局部的，即仅能在创建这些变量的过程中读取或者修改。与之相似，过程对于创建它们的窗体来说也是局部。为了在工程中的所有窗体中共享变量和过程，需要在该工程的一个或多个标准模块中对它们进行声明和定义。

正如窗体一样，标准模块被单独列在 Project（工程）窗口内，并可通过使用 File（文件）菜单中的"Save Module As"菜单项存盘。与窗体模块不同的是，标准模块不包含对象及其属性设置，而只包含可在代码窗口中显示和编辑的代码。

（2）创建标准模块。

在工程中创建一个空的标准模块的步骤如下：

① 启动 VB 打开一个新的标准工程，单击工程菜单中的"添加模块"菜单项，选择"新建"并单击"打开"按钮。执行上述操作后，VB 即在工程中增加一个默认名为"Module1"的标准模块，并且模块代码窗口被自动打开，可在窗口中编辑修改程序代码。

② 在"文件"菜单中，单击"保存 Module1"。

3. 类模块

类模块是面向对象编程的基础，VB 系统允许通过在类模块中编写代码建立新对象，这些新对象可以包含自定义的属性和方法。每个类模块只能定义一个对象。类模块定义的对象不可视，应用需要通过声明对象型变量的方法。

类模块与标准模块的区别在于：标准模块仅包含代码，而类模块既含代码又含数据，类模块可视为没有物理表示的对象。

VB 中对象是用类定义的，工具箱上每个控件都是一个类，但在窗体上引用一个控件之前，以该控件命名的对象是不存在的。具体的、可以引用的对象实际上是类的一个拷贝或实例。

类与过程有共同之处，但有本质的区别：过程是将逻辑上有关的语句与数据集合在一起，主要用于执行；而类则是逻辑上有关的过程及其数据的集合，主要不是用于执行而是提供所需的资源。

1.1.2　VB 应用程序运行流程

VB 应用程序呈层次结构，典型应用程序包括若干个模块：应用程序中每个窗体的窗体模块、共享代码的标准模块和自定义对象的类模块。每个模块包含若干含有代码的过程，过程分为三类：事件过程、通用过程、函数过程。过程是划分 VB 代码的最小单元，每个过程是一个可执行的代码片段。

VB 程序的运行通过事件来驱动，程序运行的流程完全取决于事件发生与否及发生的顺序。VB 定义了众多的事件，用户程序设计者通常只需对所选择的事件设计一段响应程序（事件过程），由用户操作对象驱动相应的事件发生来完成设定的功能，或由事件过程中的指令调用通用、函数过程来执行指定的操作。事件指窗口或控件能识别的活动，通常发生在用户与应用程序交互时，但也有一些事件由系统自行产生，如计时器事件。

事件驱动是图形操作界面程序设计的本质，即用户控制事件产生，而代码做出反应。事件在 Visual Basic 中是指由 IDE 或者系统指定的，能够被窗体或控件所响应和识别的动作。例如，Form_Load 就是一个事件，是指窗口在内存中加载完毕后，所触发的一个动作。事件可分为"用户事件"和"系统事件"。例如，鼠标点击事件 MouseDown 就是一个用户事件；时钟控件 Timer 是一个典型的系统事件。一般来说，应用程序中最早触发、必然发生的事件是 Form_Load 事件。

事件的命名是 VB 系统设定的，命名格式为：

Private Sub 控件名_事件名（ ）

例如：Private Sub Command1_Click（ ）是指在控件（按钮）Command1 上发生点击事件。

1. 典型事件

（1）窗体和图像框类事件。

Paint 事件：当某一对象在屏幕中被移动，改变尺寸或清除后，程序会自动调用 Paint 事件。注意：当对象的 AutoDraw 属性为 True（ -1 ）时，程序不会调用 Paint 事件。

Resize 事件：当对象的大小改变时触发 Resize 事件。

Load 事件：仅适用于窗体对象，当窗体被装载时运行。

Unload 事件：仅适用于窗体对象，当窗体被卸载时运行。

（2）当前光标（Focus）事件。

GotFocus 事件：当光标聚焦于该对象时发生事件。

LostFocus 事件：当光标离开该对象时发生事件。

注意：Focus 英文为"焦点"、"聚焦"之意。最直观的例子是：设有两个窗体，一个窗体被另一窗体部分遮盖。当点击下面的窗体时，其即被激活并全部显示出来，这就是 GotFocus 事件；而另外一个窗体则被遮盖，并且标题条变灰，称为 LostFocus 事件。

（3）鼠标操作事件。

Click 事件：鼠标单击事件。

DblClick 事件：鼠标双击事件。

MouseDown、MouseUp 属性：鼠标键按下/放开事件。

MouseMove 事件：鼠标移动事件。

DragDrop 事件：拖放事件，相当于 MouseDown、MouseMove 和 MouseUp 的组合。

DragOver 事件：鼠标在拖放过程中就会产生 DragOver 事件。

（4）键盘操作事件。

KeyDown、KeyUp 事件：键盘按键的按下/放开事件。

KeyPress 事件：键盘按键事件。

（5）改变控制项事件。

Change 事件：当对象的内容发生改变时，触发 Change 事件，最典型的例子是文本框（TextBox）中文字变化时（比如删除字符、输入字符等）反正字串变化时，就会触发 Change 事件。

DropDown 事件：下弹事件，仅用于组合框（ComboBox）对象。

PathChange 事件：路径改变事件，仅用于文件列表框（FileBox）对象。

2. 其他事件

Timer 事件：仅用于计时器，每隔一段时间被触发一次。

一个对象的 Enable 属性为 False 时，用户不能通过鼠标或键盘操作，仍可通过程序控制。

1.1.3 过程中代码执行流程控制

封装在事件、通用或函数过程中的程序代码，执行顺序是三种基本程序结构的组合：

顺序结构：程序按语句顺序由上而下逐句执行。

选择结构：程序按设定的条件实现程序语句的选择执行。

循环结构：程序按给定的条件重复地执行设定的程序段或过程。

1. 顺序结构

从上往下按顺序执行的语句结构。

2. 选择结构

根据设定的条件分析，比较和判断，选择性地执行不同的程序代码。

（1）If 语句结构。

If 语句分单分支结构、双分支结构和多分支结构三种情况。If 语句的"条件"是一个逻辑表达式，VB 系统根据条件判断返回 True 或 False，选择执行不同的程序语句块。

① 单分支结构（图 1.2）。

其语法结构为：

```
If 条件 Then
    语句或语句块
End If
```

② 双分支结构（图 1.3）。

其语法结构为：

```
If 条件 Then
    语句或语句块 1
Else
    语句或语句块 2
End If
```

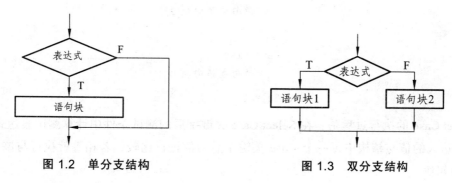

图 1.2　单分支结构　　　　　　　图 1.3　双分支结构

③ 多分支结构（图 1.4）。

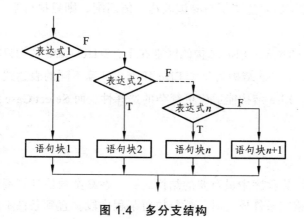

图 1.4　多分支结构

其语法结构为：

```
If 条件 1 Then
    语句或语句块 1
Else If 条件 2 Then
    语句或语句块 2
        …
Else
    语句或语句块 n
End If
```

（2）Select Case 语句。

Select Case 语句首先判断一个表达式的值，然后根据表达式的值选择执行不同的程序语句块。

其语法结构如下：

```
Select Case 表达式
    Case 表达式 1
        语句或语句块 1
    Case 表达式 2
        语句或语句块 2
        …
    Case Else
        语句或语句块 n
End Select
```

Select Case 的执行过程是：在 Select Case 关键字后的测试条件中计算测试表达式，然后 VB 将表达式的值与结构中每一个 Case 关键字后的值进行比较，若相等就执行与该 Case 相关联的语句块。

在 Select Case 结构中，Case 关键字后表达式可以是几个值的列表，各值之间用逗号分隔。如果有多个 Case 关键字后表达式值与测试表达式值匹配，则只执行第一个匹配的 Case 关键字后语句块。

Select Case 与 If …Then … Else 结构的区别在于，Select Case 结构只在开始处计算测试条件的值，而 If …Then … Else 结构为每个 Else If 语句计算不同的表达式。因此在处理多重选择问题时，If …Then … Else 结构能适应更复杂的选择性，而 Select Case 结构更具可读性并且执行效率更高。

3. 循环结构

循环结构是数值计算程序中最重要的结构之一，在复杂数值计算程序中起着不可替代的作用。循环结构是在给定条件成立时，反复执行某程序段，直到条件不成立为止。给定的条件称为循环条件，反复执行的程序段称为循环体。在 VB 中提供了多种循环语句供用户使用，下面介绍两种常用的形式：For 语句和 Do 语句。

（1）For 语句（计次循环语句）。

For 循环（For...Next）语句的基本格式为：

```
For 循环变量=初值 To 终值 Step 增量
    循环体
Next 变量
```

其中循环变量为数值型变量，初值、终值、增量均为数值型变量。"Step" 部分可以省略，缺省时默认为 1。在循环体中使用 Exit For 语句可直接中止循环，跳出循环并执行 Next 后面的语句。正常循环结束后跳出循环时，循环变量值为循环变量终值＋增量值，使用 Exit For 语句终止循环时，循环变量保持退出时的值。

For 循环的执行过程如下：

① 将循环变量赋初值。

② 比较循环变量是否小于或等于终值（如 Step 后增量值为负值，则比较是否大于或等于终值），小于或等于（大于或等于）时循环条件成立，运行循环体中的语句，若条件不成立，结束循环执行 Next 后的语句。

③ 循环体执行完毕后至 Next 语句，循环变量增加增量值，转到②继续比较执行。

（2）Do 语句。

For...Next 循环语句用于循环次数确定的循环问题，对于循环次数未知的循环问题，Visual Basic 设置了 Do 循环语句。

① 第一种循环结构（图 1.5）。

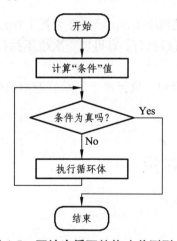

图 1.5 不计次循环结构（前测型）

其语法结构如下：

```
Do{While｜Until}<条件>
    <语句块>
    [Exit Do]
    <语句块>
Loop
```

② 第二种循环结构（图 1.6）。

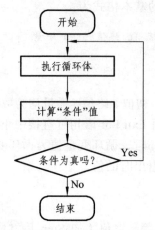

图 1.6　不计次循环结构（后测型）

其语法结构如下：

> Do
>> <语句块>
>> [Exit Do]
>> <语句块>
> Loop{While | Until}<条件>

功能：当关键字 While 或关键字 Until 后条件为真（True）时，执行循环体。

说明：第一种格式为先判断后执行，有可能一次也不执行；第二种格式为先执行后判断，至少执行一次循环体；

Exit Do：类似于 Exit For 语句，执行该语句后，退出循环执行 Loop 后的语句。

1.2　VB 应用程序的对象

1.2.1　对象的概念

1. 对　象

将数据和处理数据的过程打包在一起而生成的新型数据类型称之为对象。对象中的数据称之为"属性"，过程称之为"方法"。所有的窗体和控件都是对象。访问对象的属性和方法是在对象和属性、方法之间加一个"."号。

> Label1.caption = "Name"　访问属性
>
> Text1.SetFocus　访问方法

2. 对象的操作

（1）访问对象属性。

访问对象的属性有两种方法，以标签控件 Label1 为例：

① 在属性栏里面直接定义。

设置标签 Label1 的 Caption 属性为 Visual Basic（图 1.7）。

图 1.7　属性栏

② 通过程序代码赋值。

在窗体加载事件 Form_Load 中写下代码：

Label1.Caption = "Visual Basic"

运行结果见图 1.8。

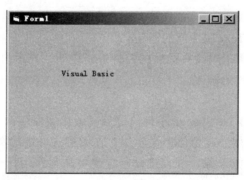

图 1.8　访问 Label1.Caption 属性运行结果

（2）访问对象的方法。

方法是 VB 为对象预设的、用户不能更改的事件过程，不同的对象具有不同的方法。访问对象方法的语法结构为：

对象名.方法名（[参数列]）

例如：在窗口 Form1 上显示字符"Hello World"，的语句为：

```
Form1.Print "Hello World"
```

其中，对象为 Form1，方法为 Print，参数为"Hello World"。

3. 对象型变量

对象型变量是用于保存对象的变量，所谓保存对象，实际上是保存对象的内存地址（句柄）。和使用普通变量类似，对象型变量通过声明和赋值，就可以像普通变量一样操作。例如：

```
Dim obj as Command ' 声明 obj 为 Command 对象型变量
Set obj = Command1 ' 对象型变量赋值
obj.Caption = "ok" ' 访问对象型变量的属性
```

也可以清除对象型变量：

```
Set obj = Nothing
```

简单地说，对象型变量就是被声明成具体对象类型，并可以赋值于已定义对象（控件）的特殊变量。

4. VB 常用控件

控件是可视或具有图标的对象，如 Picture、Command、TextBox 等，VB 将常用的控件置于工具箱中，方便用户引用。常用控件主要有：

① 文本框 TextBox：是窗口中进行输入、输出操作的重要控件，文本框本身支持一般的文字编辑功能，这些功能已由 VB 封装在文本框对象中了。

方法：Move。

事件：Click、DblClick、Change 事件。注意在 Change 事件（文本框中文本内容发生改变）中，不可有改变自身 Text 属性值的语句。

② 标签 Label：主要用于对没有标题的控件进行说明，显示内容（caption 属性值）不可直接编辑，但可通过程序代码修改。

方法：Move。

事件：Click、DblClick、 Change 事件。标签显示内容发生改变时触发 Change 事件。

③ 图像控件 Image：用于在窗体上显示保存在图形文件中的图像。

Picture 属性：决定图像来源，可直接设定，也可在程序运行中用内部函数 LoadPicture 赋值，例如：

```
image.picture = loadpicture( "C:\windows\setup.bmp")
```

设计时赋予 Picture 属性的图形文件会被复制到二进制窗体文件（.frx）中，运行时不依赖原文件。

方法：Move。

事件：Click、DblClick 事件。

④ 图片框控件 PictureBox：与图像控件 Image 功能基本相同，在平差示例程序中，被用

来容纳快捷按钮控件和绘制控制网图。

方法：Move。

事件：Change 事件。

⑤ 滚动条控件：用于上下、左右的滚动文字或图形。

方法：Move。

事件：Change、Scroll 事件。前者由滚动条的 Value 值变化激发，后者在滚动框被拖动时引发。

滚动条有几个特殊的属性：

Value 属性：当滑块挪动后停在某一位置时，就改变了滚动条的 Value 属性。

Max 和 Min 属性：用来设置滚动条的最大值和最小值，譬如把 Max 设为 100，把 Min 设为 0 时，滚动条的 Value 就在 0 到 100 之间移动。当 Max 和 Min 倒置时，滚动条的方向也会相反，即当 Max < Min 时，原来 Value 增加的方向就会变成相反的方向。Max 和 Min 也可设为负值。

SmallChange 和 LargeChange 属性：当鼠标在滚动条两头的箭头上单击时，就会把滚动条向相应的方向挪动一点，这时用到的就是 SmallChange 属性。当把 SmallChange 属性设为 1 时，每点一下，滚动条的 Value 就改变 1；当鼠标在滚动条上点击时，用到的就是 LargeChange 属性，当设为 10 时，每点击一下滚动条，Value 就改变 10。

⑥ 框架控件 Frame：是左上角有标题的方框，目的是对窗体上的控件进行视觉上的分组，使窗体上的内容更有条理。

方法：Move。

事件：Click、DblClick 事件。

⑦ 复选框控件 CheckBox：提供选择项的控件，一个窗体可有多个复选框，并按功能进行分组，一组中可选中多个，也可一个不选。Value 属性值决定复选框的选中状态。

方法：Move。

事件：Click 事件。

⑧ 单选框控件 OptionBox：单选框控件与复选框的差别是，只能且必须有一个选项被选中。直接放在窗体上的所有单选框，无论其相互位置如何都被认为是一组。要在一个窗体上放置多个单选框，可使用容器控件——图片框或框架，其中框架较为常用。

方法：Move。

事件：Click、DblClick 事件。

⑨ 列表框控件 ListBox：同复选框、单选框一样，列表框也是提供选项的控件。

方法：

- AddItem 方法：往列表框中添加新条目。语法：

列表框对象名.AddItem 字符表达式[, 序号]

- RemoveItem 方法：从列表框中指定序号位置删除条目。语法：

列表框对象名.RemoveItem 序号

- Clear 方法：清除列表框所有条目。语法：

列表框对象名.Clear

- Move 方法：移动列表框或改变其大小。语法：与其他控件相同。

事件：

- Click、DblClick 事件。
- Scroll 事件。
- ItemCheck 事件：ListBox 空间的 Style 属性设置为 1 时，若控件中一个条目复选框被选定或消除，则该事件发生。事件过程语法为：

Private Sub 列表框对象名.ItemCheck(Item As Integer)

⑩ 组合框控件 ComboBox：组合框可看作文本框和列表框的组合体，具有两者的事件和方法。

组合框不支持多选，故没有 MultiSelect，Selected，SelCount 属性，也无 ItemCheck 事件。

5. 控件数组

控件数组是一组具有相同名称和类型的控件，它们的事件名称也相同，即同类的控件若具有相同的 Name 属性，就称为控件数组。创建控件数组可以采用对一个控件做复制粘贴操作实现，也可以将已引用同类型控件名改为同一 Name 属性来完成。另外在菜单编辑器中，将某一菜单下的下拉子菜单名设置为同样的名称，这些子菜单也构成控件数组。

VB 还允许在程序运行状态下，通过程序语句创建控件数组，但是只支持在已有控件的基础上，新增控件数组成员。程序语句为：

```
Load object (index%)
Onload object (index%)
```

通过命令语句加载控件数组新成员时，新成员大多数属性值将由现有数组成员中 Index 属性值最小的控件复制。但是 VB 不会将 Visible、Index 等属性值复制到新控件成员，因此为了使新增控件成员可视，必须通过命令将属性值 Visible 设置为 True。

Onload 命令只能删除 Load 语句创建的控件，不能删除设计时在对象窗口创建的控件。

控件数组可以共享同一个事件过程，使用控件数组并以控件的 Index 属性值为选择条件，结合选择执行结构语句 Select Case，可将本需要封装在不同命令按钮或子菜单点击事件中的程序代码组合在一起，显著地简化程序结构。

【例 1】 设在一个窗体中有若干个 Command 按钮控件组成的数组，其 Index 属性值从 1 开始编号。现要让用户单击某按钮时，弹出一个窗口显示其 Index 属性值的平方。若不使用控件数组，则要设 Command 1，Command 2，…，Command n，n 个 Click 事件，并重复设计程序代码因而非常烦琐。而采用控件数组，则只需采用下面一个事件即可完成。

```
Private Sub Commands1_Click(Index As Integer)
    MsgBox  Index^2
EndSub
```

控件数组的另一个功能是可使用 Index 属性循环访问控件组。例如，若要清除控件 TextBox 中各成员的 text 属性值，可将 Index 属性作为循环变量，在一个循环内访问控件数组全部成员。

控件数组中的成员可位于不同容器上，例如，两个不同 Form 控件上包含的 TextBox 控件，却是同一控件数组的元素。

【例 2】 使用控件数组，设计一个能进行加、减、乘、除运算的运算器程序（程序界面见图 1.9）。

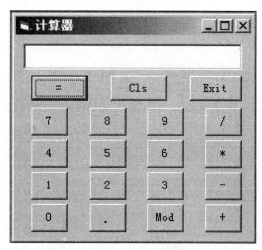

图 1.9 计算器程序界面

程序代码：

```
Dim Op As Integer,First As String ' Op 存放命令按钮序号,First 存放第一个操作数
Private Sub Command1_Click(Index As Integer) ' 数字按钮处理过程
    If Index = 10 Then
        Text1.Text = Text1.Text & "." ' 输入小数点"."
    Else
        Text1.Text = Text1.Text & CStr(Index) ' 将输入的数字转化为字符串并连接到
        ' 文本框中，各数字按钮 Index 参数值与按钮上的数字相同
    End If
    If Len(Text1.Text) = 2 And Left(Text1.Text, 1) = "0" And Mid(Text1, 2, 1) <>
    "." Then ' 条件成立是只有两个字符，后一位不是小数点，而前一位是"0"
        Text1.Text = Mid(Text1.Text, 2) ' 去掉字符"0 #"中的"0"
    End If
End Sub


Private Sub Command2_Click(Index As Integer) ' 命令按钮处理过程
```

```vb
        First = Val(Text1.Text) ' 将第 1 个操作数输入 First 变量
        Op = Index ' 将命令按钮序号输入 Op 变量
        Text1.Text = "" ' 文本框清空
End Sub


Private Sub Command3_Click() ' 清除文本框事件过程
        Text1.Text = ""
        First = 0
End Sub


Private Sub Command4_Click() ' 等号 "=" 键事件处理程序
        Dim Sec As Single ' 定义存放第 2 个操作数变量
        Sec = Val(Text1.Text)
        Select Case Op
            Case 0 ' 加法处理
                Text1.Text = Str(Format(First + Sec, "#######.##"))
            Case 1 ' 减法处理
                Text1.Text = Str(Format(First - Sec, "#######.##"))
            Case 2 ' 乘法处理
                Text1.Text = Str(Format(First * Sec, "#######.##"))
            Case 3 ' 除法处理
                If Sec <> 0 Then
                    Text1.Text = Str(Format(First / Sec, "#######.##"))
                Else
                    Text1.Text = " 除数为 0"
                End If
            Case 4 ' 取余处理
                If Sec <> 0 Then
                    Text1.Text = Str(Format(First Mod Sec, "#######.##"))
                Else
                    Text1.Text = " 除数为 0"
                End If
        End Select
End Sub
Private Sub Command5_Click() ' 结束处理
End
End Sub
```

1.2.2　对象型变量

1. 文件系统对象 FSO

FileSystemObject（FSO）是 VB 可以引用的一组用于操作驱动器、文件夹、文件的对象。FSO 对象使用面向对象语法来处理驱动器、文件夹和文件。FSO 对象实际上是系统所提供的类模块，其应用方法与使用类模块自定义的对象相同。使用 FSO 对象能够创建、改变、移动、删除文件夹，也能查询文件、文件夹有关的信息及读写文本文件，它使得文件操作变得简单易行。

FSO 对象包含在一个被称为 Scripting 的类型库中，此库位于 Scrrun.dll 文件中。如还没有引用此文件，从"工程"菜单的"引用"对话框选择"Microsoft Scripting Runtime"项，然后就可使用"对象浏览器"来查看其对象、集合、属性、方法、事件以及它的常数，并引用其方法。

FSO 对象包含五个功能不同的成员，分别用于创建文件夹、文件，查询驱动器、文件夹、文件信息，获取文件或文件夹内存地址，读写文本文件等功能。

FSO 对象中除主项 FileSystemObject 外，其余的 4 个文件系统对象类都是具体的类型，所以需要赋值后加以引用。FileSystemObject 主要用于获取具体对象的句柄，创建文件夹、文件，删除移动文件夹、文件等操作，不涉及具体的对象，所以使用时不赋值。

FSO 对象成员具体信息如表 1.1 所示。

表 1.1　FSO 模型对象

对　　象	描　　述
Drive	允许收集驱动器信息，如可用空间、其共享名称等
Forder	允许创建、删除或移动文件夹，并向系统查询文件夹的名称、路径等
File	允许创建、删除或移动文件，并向系统查询文件的名称、路径等
FileSystemObject	该组的主要对象，提供了一套用于创建、删除、收集相关信息，以及通用的操作驱动器、文件夹和文件的方法，与本对象有关的很多方法复制了其他对象中的方法
TextStream	允许读和写文本文件

2. FSO 对象应用

（1）创立 FSO 对象。

使用文件系统对象编程，首先必须创建一个 FileSystemObject 对象，然后才能使用其方法、属性来管理驱动器、文件夹和文件等对象。由于 FSO 对象不是控件（不可视），所以创建一个 FSO 对象实体的方法，是将一个变量声明为 FSO 型对象，其方法与声明一般变量相似，例如：

```
Dim <变量名> As New FileSystemObject
Dim <变量名> As drive
```

也可以使用 CreateObject 方法来创建一个 FileSystemObject 对象，程序语法为：

$$\text{Set <变量名> = CreateObject("Scripting.FileSystemObject")}$$

其中"Scripting"是类型库名称，而"FileSystemObject"则是想要创建的对象的名称，根据实际需要选择表 1.1 第 1 列中五种类型之一。

CreateObject 方法在创立 FSO 对象的同时，将其赋值给对象型变量。赋值后的对象型变量保存的是所创立对象的引用，即对象在计算机内存中的地址，也称为句柄。对象型变量赋值不同于普通变量的是，必须用 Set 关键字，而一经赋值，则对象型变量的操作等同于对它所引用对象的操作。

（2）FSO 对象应用。

① FSO 对象操作驱动器的方法。

访问已有的驱动器，可使用 FileSystemObject 对象中相应的"Get"方法：

```
Dim fso As New FileSystemObject, drv As Drive
Set drv = fso.GetDrive(描述驱动器的字符串)
```

上述语句功能是首先声明对象型变量 fso 和 drv，然后运用 FSO 方法获得指定驱动器的内存地址，并赋值给驱动器型变量 drv。

FSO 对象允许系统获得驱动器的各种信息，诸如：TotalSize、FreeSpace、DriveLetter、DriveType、SerialNumber、FileSystem、IsReady、ShareName/VolumeName 等属性，语法为 <对象名\对象性变量>.属性，例如：

```
<对象名>.Print drv.TotalSize
<对象名>.Print drv.FreeSpace
```

② FSO 对象操作文件夹的方法。

A. 创建、删除、移动和复制（小写 fso 表示一个已声明的 FileSystemObject 类型的变量，fld 表示一个已赋值的文件夹型的变量，声明方法如前述）：

fso.CreateFolder（"描述文件夹名和路径的字符串"）

fld.Delete/fso.DeleteFolder（"描述文件夹名和路径的字符串"）

fld.Move（"描述目的地的字符串"）/fso.MoveFolder（"描述要移动的文件夹及目的地的字符串"）

fld.Copy/fso.CopyFolder（"描述要复制文件夹的字符串"）

B. 文件夹定位：

fso.FolderExists（"描述包括路径的文件夹名的字符串或对象型变量"）

fso.GetAbsolutePathName（"文件夹名或对象型变量"）

fso.GetSpecialFolder（"文件夹名或对象型变量"）

相对于驱动器对象，文件夹对象的属性较多，下面将其常用属性列于表 1.2。

表 1.2　文件夹属性

属　　性	描　　述
Attributes	设置或返回文件夹的读写性质
DateCreated	文件夹的创建日期
DateLastAccessed	访问文件夹的最后日期
DateLastModified	修该文件夹的最后日期
Drive	返回文件夹的驱动器位置
Files	返回文件夹中的文件集合√
IsRootFolder	判断文件夹是否为根文件夹
Name	设置或返回文件夹的名称
ParentFolder	返回文件夹的父文件夹名
Path	返回文件夹的路径
ShortName	返回文件夹的短名
ShortPath	回文件夹的短路径名
Size	返回文件夹占磁盘空间的大小
SubFolders	返回子文件夹集合√
Type	返回文件夹的类型描述

③ FSO 对象操作文件的方法。

设文件型变量 File 已被赋值，现在是一文件型对象变量，fso 已声明为 FileSystemObject 型变量，则移动、复制、删除文件的方法见表 1.3。

表 1.3　FSO 操作文件的方法

任　　务	方　　法
移动一个文件	File.Move/fso.MoveFile（string）
复制一个文件	File.Copy/fso.CopyFile（string）
删除一个文件	File.Delete/fso.DeleteFile（string）

表中 string 是表示移动文件及目的地，要复制、删除的文件名及路径的字符串。文件型对象 File 的属性较多，常用的见表 1.4。

表 1.4　文件型对象属性

属　　性	描　　述
Attributes	设置或返回文件的读写性质
DateCreated	访问文件的创建日期
DateLastAccessed	访问文件的最后日期
DateLastModified	修改文件的最后日期

属　性	描　述
Drive	返回文件所在的驱动器位置
Name	设置或返回文件名
ParentFolder	返回文件所在文件夹的名称
Path	返回文件的路径名
ShortName	返回文件的短名
ShortPath	返回文件夹的短路径名
Size	返回文件占磁盘空间的大小
Type	返回文件的类型描述

④ FSO 对象操作文本文件。

使用 FSO 对象模型创建的 textstream 对象属于文本文件。应用 textstream 对象所具有的属性和方法，可使文件的打开、关闭、读出和写入非常方便。

A. 文件的创建。

```
Dim fso As New FileSystemObject,ts As textstream
Set ts = fso.CreateTextFile( "C:\testfile.txt" ,True)
```

上述语句功能是声明对象型变量，创建文件并赋予文本文件型变量 ts。语句中的参数设置为 True，表明允许覆盖同名文件。

B. 读写文件。

textstream 对象型变量文件操作具体功能与方法见表 1.5。

表 1.5　处理文本文件的方法

任　务	方　法
打开文件	FileSystemObject.OpenTextFile
写入数据	TextStream.Write
写入数据	TextStream.WriteLine
添加一个空行	TextStream.WriteBlankLine
关闭文件	TextStream.Close
读取指定数量的字符	TextStream.Read（expN）
读取一整行（紧跟，但不包括换行符）	TextStream.ReadLine
读取文本文件中所有内容	TextStream.ReadAll

1.3 VB 应用程序的数据存储

1.3.1 数据类型

VB 数据类型可以分为两大类：基本数据类型和用户自定义类型。

1. 基本数据类型

基本数据类型是 VB 系统定义的标准数据类型，分为 6 类：数值型、日期型、逻辑型、字符型、对象型和变体型。表 1.6 所示列出了 VB 使用的基本数据类型。

表 1.6　基本数据类型

数据类型		关键字	类型符	前缀	范　围
数值型	整型	Integer	%	int	−32768～32767
	长整型	Long	&	lng	−2147483648～2147483647
	单精度型	Single	!	sng	负数 −3.402823E38～1.401298E−45 正数 1.401298E−45～3.402823E38
	双精度型	Double	#	dbl	负数 −1.79769313486232D308～ −4.94065645841247D−324 正数 4.94065645841247D−324～ 1.79769313486232D308
	货币型	Currency	@	cur	−922337203685477.5808～ 922337203685477.5807
	字节型	Byte	无	byt	0～255
日期型		Date（time）	无	dtm	01，01，100～12，31，9999 （00：00：00～23：59：59）
逻辑型		Boolean	无	bln	True 与 False
字符型		String	$	str	0～65535 个字符
对象型		Object	无	obj	任何对象引用
变体型		Variant	无	vnt	上述有效范围之一

1）数值型数据

数值型数据分为整型和实型两类。整型数据分为整数数据和长整数数据，实型数据分为单精度数据和双精度数据。

（1）整数（Integer）：整数范围是 −32768～32767，在机器内使用 2 个字节存储的整数。在 VB 中数尾常加 "%" 表示整型数据，也可省略。如 −34%，78%。若将一个实数赋值给一个整形变量，则会被自动取整。

（2）长整数（Long）：长整数可以是范围从 −2147483648 到 2147483647 的整数，在机器内用 4 个字节存储。在 VB 中数尾常加 "&" 表示长整型数据，如 −334&，67785649&。整数（Integer）和长整数（Long）均用于保存整数，其可以是正整数、负整数或者零。整型数的运算速度快、精确，且占用存储空间较小，但表示数的范围也较小。

（3）单精度数（Single）：单精度数是带小数点的实数，有效数字为 7 位，在机器内用 4 个字节存储。实数可以用指数形式表示，指数部分用"E"或"e"表示。在 VB 中数尾常加"!"表示单精度数据。单精度数有多种表示形式：±n.n（小数形式）、±nE±m（指数形式）、±n.nE±m（指数形式）。例如：123.45、0.12345E＋3、123.45! 都是同值的单精度数。如果某个数的有效数字位数超过 7 位，当把它定义为单精度变量时，超出的部分会自动四舍五入。

（4）双精度数（Double）：双精度数也是带小数点的实数，有效数字为 15 或 16 位，在机器内用 8 个字节存储。双精度实数若用指数形式表示，则指数部分用"D"或"d"表示。在 VB 中数尾常加"#"表示双精度数据，如 －374.778#，5.678D＋2，－2.67e＋3#。

（5）字节型数据（Byte）：字节型数据用来存储二进制数，是范围在 0～255 之间的无符号整数，不能表示负数，在机器内用一个字节存储。

在 VB 中，声明和使用数值型数据时，应注意以下几点：

A. 如果数据中包含小数，则应使用 Single、Double 或 Currency 型。

B. 如果数据为二进制数，则使用 Byte 数据类型。

C. 数值型数据都有一个有效范围值，程序中的数如果超出规定的范围，将会出现"溢出"信息。如小于范围的下限值，系统将按"0"处理；如大于上限值，则系统按上限值处理，并显示出错信息。

2）逻辑型数据（Boolean）

逻辑型数据是用来表示逻辑判断结果的，只有真（True）和假（False）两个值，在机器内用 2 个字节存储。

若数据信息是"True/False"、"Yes/No"、"On/Off"信息，则可将它定义为 Boolean 类型。

逻辑数据转换成整型数据时，真转换为 －1，假转换为 0；其他类型数据转换为逻辑数据时，非 0 数转换为真，0 转换为假。

3）字符型数据

字符型数据是用双引号括起来的一串字符，在计算机中一个字符用 1 个字节存储。由于计算机中每个字符都以 ASCⅡ编码表示，因此在字符串中字母的大小写是有区别的。

4）对象型数据（Object）

对象型数据主要以变量形式存在，在机器内用 4 个字节存储。

5）自定义数据类型

VB 不仅提供了系统定义的以上基本数据类型，也允许用户自己定义数据类型，它由若干个基本数据类型组成。

（1）自定义类型必须通过 Type 语句来声明。

其语法结构如下：

```
Type 数据类型名
    元素名 As 类型名
    元素名 As 类型名
    元素名 As 类型名
    …
End Type
```

其中数据类型名为自定义数据类型名，元素名为自定义数据类型中的一个成员，类型名为上述基本类型名或自定义数据类型名。

例如：对于一个学生的"学号"、"姓名"、"性别"、"年龄"、"入学成绩"等数据，为了处理数据的方便，常常需要把这些数据定义成一个新的数据类型（如 Student 类型）。

```
Type Student
      Xh As Sting
      Xm As String*10 ' 长度为10
      Xb As String
      Nl As Integer
      Score As Single
End Type
```

若自定义类型中的元素为字符型时，必须为定长字符串。

定义了 Student 数据类型后，就可以像声明 VB 基本数据类型一样，声明一个 Student 数据类型变量了，如：

```
Dim Estu As Student
```

（2）记录。

保存多个相同或不同类型数值的结构称为记录（Record）。在 Visual Basic 中定义记录用 Type 语句，其语法结构如下：

```
Type varType
      Variable1 As varType
      Variable2 As varType
      ...
      Variablen As varType
End Type
```

例如定义一个名为 CheckRecord 的记录：

```
Type CheckRecord
      CheckNumber as Integer
      CheckDate as Date
      CheckAmount as Single
End Type
```

此后 CheckRecord 结构可以像普通变量类型一样使用，要声明这个类型的变量，使用如下语句：

```
Dim check1 As CheckRecord
```

要对结构的各个字段进行访问，可使用如下语句：

```
check1.CheckNumber = 123
check1.CheckDate = #08/14/1996#
check1.CheckAmount = 240.00
```

1.3.2 变 量

1. 变量的命名规则

（1）名字只能由字母、数字、下划线组成。

（2）名字的第一个字母必须是英文字母，最后一个字符可以是类型说明符。

（3）名字的有效字符是 255 个。

（4）不能用 VB 的保留字作为变量名，但可以把保留字嵌入变量中；同时变量名也不能是末尾带有类型说明符的保留字。

（5）VB 不区分字母的大小写，习惯上用小写字母。

2. 单变量声明

（1）用类型说明符来标示。

（2）在声明变量时指定其类型，语句格式为：

$$\text{Declare 变量名 As 类型}$$

Declare 可以是 Dim、Public、Static 等关键字，"类型"可以是基本数据类型或用户自定义数据类型。

Dim：最常用的变量声明关键字，用于声明动态变量。当在一个 Dim 语句中定义多个变量时，每个变量都要用 As 子句声明其类型，否则该变量被看作是变体类型。

Static：用于声明静态变量。用 Static 定义的变量，若在某一过程中被赋值，过程执行结束后对其赋的值会继续保留。而用 Dim 定义的变量，再次调用该过程时，变量值会被重新设置（数值变量重新设置为 0，字符变量被设置为空）。因此通常把由 Dim 定义的变量称为动态变量，而把 Static 定义的变量称为静态变量。

Public：用来在标准模块中定义全局变量。

VB 允许以符号定义变量数据类型，例如整型可以用"%"定义，长整型可以用"&"定义，实型可以用"!"定义，双精度实型可以用"#"定义。即 Dim Inde x%等价于 Dim Index As Integer。

3. 数组变量声明

（1）静态数组。

数组变量的声明类似于单变量声明，所不同的是数组变量需要指定数组中的元素个数，例如：

$$\text{Dim IntegerArray(99) As Integer}$$

这个数组中包含 100 个元素，下标从 0 到 99。

也可以指定下标的起始值，例如：

$$\text{Dim IntegerArray(2 to 10) As Integer}$$

这个数组含有 9 个元素，下标从 2 到 10。

还可以定义多维数组，例如：

$$\text{Dim ThreeD(4,2 to 5,3 to 6) As Integer}$$

这条语句声明了一个三维数组（4×4×4）。

数组类型为 Variant 时，数组中各元素可以为不同类型的数据（对象、字符串、数值等）。

（2）动态数组。

在程序开始运行时，不能确定数组容量，在运行过程中才能获知数组容量，则可以设置动态数组。动态数组可在使用过程中重新声明数组的大小，操作步骤如下：

① 声明一个未指明大小及维数的数组。

$$\text{Public | Private | Dim | Static 数组名 ( ) As 类型}$$

② 用 ReDim 语句分配实际的元素个数。

$$\text{ReDim[Private] 数组名 (〈维数定义〉) [As〈类型〉]}$$

ReDim 语句将清除数组变量内容，因而可以利用这一功能来清空数组。若想改变数组大小而又不丢失数组中数据，则应使用 Private 关键字。但注意只能改变多维数组中最后一维的上界。

4. Option Explicit 语句

Option Explicit 语句的作用是强制所有变量必须声明才能引用。使用 Option Explicit 一方面可避免拼错现有变量或函数名，或避免在变量范围不清楚的代码中产生混淆；另一方面，VB 将未声明的变量都视为"Variant"变量，"Variant"变量虽然可以存放各种数据类型，但也是运算速度最慢的变量类型，因而应用强制声明语句，可以节省动态分配变量存储空间和运算寻址时间。

为确保在使用变量前已经进行了变量说明，只需要在模块中加入 Option Explicit 语句。当模块中使用了 Option Explicit 语句后，系统在编译程序时，将检查模块中所有的变量，一旦发现有变量未声明，将产生一个出错信息，提示用户改正错误。

Option Explicit 语句可以通过以下两种方法输入：

① 在代码编辑栏中输入 Option Explicit。

② 执行"工具"菜单中的"选项"命令，系统弹出如图 1.10 所示的"选项"对话框，单击该对话框中的"编辑器"选项卡，选中"要求变量声明"复选框。这样 VB 就会在任何新模块中自动插入 Option Explicit 语句。

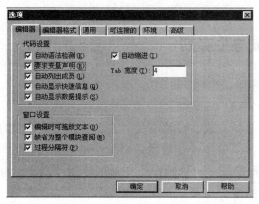

图 1.10　选项对话框

1.3.3 常 量

对于程序中反复出现的固定数值，如测量平差程序中的一弧度秒值"206265"、圆周率"3.14159…"等，可设置字符常量保存。使用常量字符的优点：一是录入方便；二是如果要改变该数值，只需改变定义常量的语句值，而不需改变每个语句，提高了程序设计效率。

字符常量的赋值方法：

$$Const\ Color\ =\ 255$$

VB 程序不区分字母大小写，但为了便于查阅，习惯上变量用小写字符，常量则用大写字符。

VB 中常量分为两种：一种是文字常量，另一种是符号常量。

1）文字常量

VB 文字常量分为两种，即字符串和数值。

（1）字符串常量：字符串常量由字符组成，可以是除双引号和回车符之外的任何 ASCⅡ码字符。

（2）数值常量：数值常量共有 4 种表示方式，即整数型、长整数型、货币数型和浮点数型。

2）符号常量

（1）在 VB 中，可以定义符号常量，用来代替数值或字符串。

其语法结构如下：

$$Const\ 常量名＝表达式[,常量名＝表达式]…$$

（2）在使用符号常量时，应注意以下几点：

① 在声明符号常量时可以在常量名后面加上类型说明符，例如：

$$Const\ one\&\ =\ 1$$
$$Const\ two\&\ =\ 2$$

② 当程序引用符号常量时，通常省略类型说明符。

③ 类型说明符不是符号常量的一部分，定义符号常量后，再定义变量时要慎重。

1.3.4 变量的作用域与生存期

1. 变量的作用域

变量的作用范围与声明的方式、位置有关，在窗体的通用声明段声明的变量称为窗体级变量，若程序只有一个窗体，窗体级变量就是全局变量。在过程内部声明的变量，称为局部变量。设置变量一般的原则是应尽可能地限定变量的作用范围，少用"全局"变量，多用"局部"变量，更有利于程序的维护与调试。

局部变量：作用域限定在程序中的某一过程，可能是某个事件过程，或者是通用过程或函数过程。局部变量往往又称为内部变量，因为其仅在声明的过程内部有效。

全局变量：整个程序的各个过程都能访问的变量，其特点是在所有过程外声明，在整个程序运行期间，所有过程都能够访问。

变量的作用域如下表 1.7 所示。

表 1.7　变量的作用域

作用范围	过程级变量	模块级变量		
		私有	公有	
			窗体	标准模块
声明方式	Dim\Static	Dim\Private	Public	
声明位置	在过程中	模块的"通用声明"段	模块的"通用声明"段	
能否用于本模块其他过程	不能	能	能	
能否被其他模块存取	不能	不能	能，但变量名前加窗体名	能

2. 变量的生存期

动态变量：使用 Dim 关键字在过程中声明的局部变量属于动态变量，在过程结束后变量值即被释放，在下一次执行过程时，变量重新声明。

静态变量：使用 Static 关键字在过程中声明的局部变量属于静态变量。静态变量在过程执行结束退出后，变量所占内存单元没有被释放，再次进入过程时，原赋的值可以继续使用。

以 Dim 关键字声明的全局变量，事实上也是静态变量。

1.4　运算符与表达式

1.4.1　运算符

1. 数值运算符

运算符是在代码中对各种数据进行运算的符号。例如 +（加）、-（减）、*（乘）、/（除）、\（整除）、=（赋值）、Mod（取余）运算符和与、或、非、异或逻辑运算的运算符。

算术运算符及优先级为：^（乘方）→ *、/ → \（整除）→ Mod（取余）→ +、-。

2. 字符串运算符

VB 中的字符串运算符主要用来将两个字符串连接成一个字符串。VB 提供了两个字符串运算符："&"和"+"。

3. 关系运算符

VB 的关系运算符有：=、<>、<、>、> =、< =、Is，用于对两个数据进行比较，其运算结果为逻辑值 True 或 False。

对字符串进行比较时，依据字符在扩展 ASCⅡ 字符集中的顺序，自左向右按照"逐个比较，遇大则大，长大短小，完全相同，才是相等"的原则进行。如 "aBcd" > "abc" 的运算结果是 False，因为字母"B"的 ASCⅡ 码小于字母"b"。

4. 逻辑运算符

VB 中常用的逻辑运算符有 Not、And、Or 和 Xor，也称为布尔运算符。逻辑运算符的运算对象应是逻辑值或关系表达式，运算结果为逻辑值。逻辑运算符的优先级为：Not（非）→And（与）→Or（或）→Xor（异或）。 Not 运算符为单目运算符，即运算过程中只有一个操作数。

1.4.2　表达式

表达式是由运算符、运算对象及圆括号组成的一个序列，它是由常量、变量、函数等用运算符连接而成的式子。表达式是构成程序代码的最基本要素。

1. 算术表达式

用算术运算符和括号将运算对象连接起来的式子称为算术表达式。运算对象可以是常量、变量或函数等。

2. 关系表达式

将常量、变量、函数等用关系运算符连接而成的式子称为关系表达式。

3. 逻辑表达式

用逻辑运算符将运算对象连接起来的式子，称为逻辑表达式。逻辑表达式的值是一个逻辑值，用 True 或 False 来表示。例如，逻辑表达式 5>3 结果为 True。

1.4.3　运算规则

1. 不同类型数据转换

VB 允许整型、实型、双精度型、货币型等不同类型的数据进行混合运算。在不同类型的运算对象进行运算时，VB 将数据转换成同一类型后再进行运算，结果的类型一般为两个运算对象中存储长度较长的那个对象的类型。

2. 运算符优先级

运算符的优先级：算术运算符→字符运算符→关系运算符→逻辑运算符→赋值运算符。

1.4.4　公共函数

公共函数按功能主要可以划分为五大类：算术函数、字符函数、转换函数、日期与时间函数和格式化函数。

1. 算术函数

表 1.8　VB 中常用的算术函数

函数名	函数作用	备　注
Abs(x)	取绝对值	
Sqr(x)	求平方根	$x \geqslant 0$
Exp(x)	e 为底的指数函数，即 e^x	
Log(x)	以 e 为底的自然对数函数	
Sin(x)	正弦函数	x 单位是弧度
Cos(x)	余弦函数	x 单位是弧度
Tan(x)	正切函数	x 单位是弧度
Atn(x)	反正切函数	函数返回的是主值区间的弧度值
Sgn(x)	符号函数	当 x>0 返回 1；x<0 返回 -1
Rnd(x)	产生随机数	产生一个在(0, 1)区间均匀分布的随机数；若 x=0，则给出的是上一次利用本函数产生的随机数
Hex[$](x)	求 x 的十六进制数值	
Oct[$](x)	求 x 的八进制数值	

2. 字符函数

表 1.9　VB 中常用的字符函数

函　数　名	函数作用
Len(x)	求字符串 x 的长度
Left[$](x, n)	取出字符串 x 的左边 n 个字符
Right[$](x, n)	取出字符串 x 的右边 n 个字符
Mid[$](x,n1,n2)	从字符串 x 的 n1 位起开始向右取 n2 个字符
LTrim[$](x)	去掉字符串 x 的左边空格
FTrim[$](x)	去掉字符串 x 的右边空格

函 数 名	函数作用
Trim[$]($x$)	去掉字符串 x 的左、右两边空格
String[$]($n$, "字符")	得到由 n 个给定字符组成的一个字符串
Space[$]($n$,)	产生由 n 个空格组成的字符串
UCase[$]($x$)	将字符串 x 的所有小写字母改成大写
LCase[$]($x$)	将字符串 x 的所有大写字母改成小写
IrStr[$]([$n$], x, "字符")	从将字符串 x 的第 n 个位置想查找给定的字符，返回给定字符在 x 中的位置，n 可以缺省，默认为 1

3. 转换函数

表 1.10　VB 中常用的转换函数

函 数 名	函数作用
Str[$]($x$)	将数据类型 x 转换成字符串（含符号位）
Val(x)	将字符串 x 中的数字转换成数值
Chr[$]($x$)	返回以 x 的 ASC Ⅱ 码的字符
Asc(x)	给出字符 x 的 ASC Ⅱ 码
Int(x)	取小于等于 x 的最大整数
Round(x)	将数值 x 四舍五入取整
Fix(x)	将数值 x 的小数部分舍去

4. 格式化函数

格式化函数的定义格式：

$$Format(<算术表达式>,fmt\$)$$

其中，fmt$ 为格式控制符，可分为：

① 数位控制符："#" 和 "0"；

② 标点控制符："." 和 "，"；

③ 指数输出控制符："E +" 和 "E"。

1.5　VB 应用程序的过程

1.5.1　过程的定义

VB 程序是由过程组成的，每个过程是为了完成设定的任务，由一组独立的程序代码组成。VB 中有三大类过程：事件过程、通用过程、函数过程。

事件过程是当对象的某个事件发生时，对该事件做出响应的程序代码段，它是应用程序的主体。

当多个不同的事件过程需要执行一段相同的代码，完成相同或相似的任务时，为了避免程序代码的重复，同时便于程序代码的修改，往往把这段代码独立出来，作为一个单独的功能单元，这样的过程称为通用过程或函数过程。

实际上为了使程序结构清晰，便于阅读和维护，常常将语句较多而功能单一的程序段，设计成通用过程或函数过程，如平差程序设计中的"法方程组成"、"高斯约化解法方程"和"角度转弧度"等，都是设计为通用过程或函数过程。

过程的建立可以执行菜单命令："视图\代码窗口"。在代码编辑器出现后，执行菜单命令"工具\添加过程"，这时将出现如图 1.1 所示的"添加过程"对话窗口。

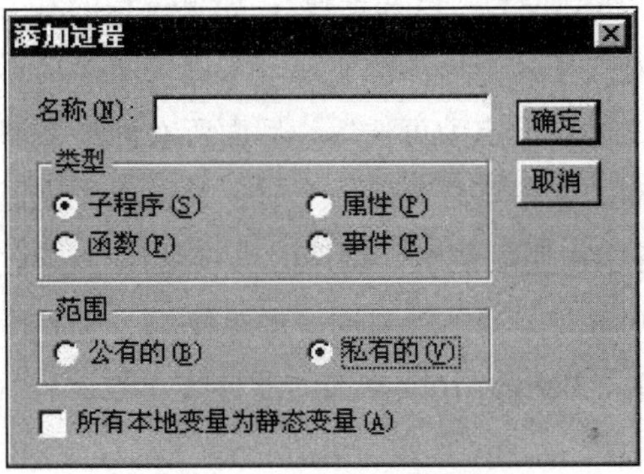

图 1.11　添加过程对话框

在"添加过程"对话窗口中只需确定过程名称、类型等信息后回车确定，VB 系统即可自动生成"过程"的首尾关键字，用户所需做的工作只是在其中编写代码。

1. 事件过程（Event 过程）

事件过程是由 VB 控件的事件发生驱动（或由系统自动调用）。控件的事件由 VB 系统设置，当用户操作对象产生一个事件时，VB 即自动启动该事件过程。

事件过程语法结构如下：

```
Private Sub <控件名>_<事件名>([<形参表>])
        [<语句组>]
End Sub
```

2. 通用过程（Sub 过程）

过程不与特定事件相联系，只能由其他过程中的指令来调用。语法为：

```
[Private |Public][Static] Sub  <过程名> ([<形参表>])
        [〈语句组〉]
        [Exit Sub]
        [〈语句组〉]
End Sub
```

使用 Public 关键字声明的过程，在应用程序中可随处调用，而选用 Private 声明，则只有该过程所在模块可以调用。Static 选项使过程中所有变量值，在整个程序运行过程中都存在。<形参表>中形参的语法为：

[Optional][ByVal｜ByRef][ParamArray]<变量名>[（）][As《类型》][＝《缺省值》]…

参数 ByVal、ByRef 分别声明实参和形参之间是传值或传址，但并不是所有被关键字 ByRef 修饰的形参在过程调用时都是按地址传递数值。只有实参是单个变量时才能实现按地址传递，若实参是常量或表达式，实际进行的是按值传递。如希望将某一 ByRef 修饰单个变量按值传递，可对其加以括号，VB 就将它理解为一个表达式。

Optional 加在形参前，将其设为"可选参数"。如果过程的某一形参设为可选参数，则在调用此过程时可以不提供对应于这个形参的实参。未提供实参的形参在调用时被赋予形参类型的默认值。若过程中一个形参设定为可选后，后面所有的形参都应用关键字 Optional 定义为可选参数。调用时若省略的实参不是最后一个时，其位置要用逗号保留。

使用 ParamArray 关键字声明的数组，调用时可接受任意多个实参。ParamArray 关键字不可与 Optional、ByVal、ByRef 关键字针对同一形参使用。一个过程只能有一个 ParamArray 修饰的形参，有多个形参时，ParamArray 修饰的形参必须是最后一个。

3. 函数过程

函数过程（Function 过程）与通用过程（Sub 过程）功能完全相同，其唯一的差异在于函数过程名本身作为一个变量可返回一个值。其语法为：

```
[Private ｜Public][Static] Function  <函数名>([<形参表>])[As 〈类型〉]
    [〈语句组〉]
    [函数名＝〈表达式〉]
    [Exit Function ]
    [〈语句组〉]
    [函数名＝〈表达式〉]
End Function
```

虽然函数过程和通用过程功能完全相同，但是习惯上将功能相对简单、返回单一计算结果的程序段设计为函数过程，而将语句较长、功能较为复杂、返回多个计算结果的程序段设计为通用过程。

4. 过程的嵌套、递归调用

VB 的过程定义是相互平行和孤立的，一个过程内不可包含另一过程。但可以嵌套调用过程，若一个过程调用它自身，就称为递归。

1.5.2　通用和函数过程调用

1. 通用过程（Sub 过程）调用

调用通用过程有两种方法：

（1）Call<过程名>（[<实参表>]）。如过程中有实参，必须在括号中列出实参。若没有实参则可以省略括号。

（2）<过程名>[<实参表>]。若省略 Call 关键字，则实参不能加括号。

2. 函数过程（Function 过程）调用

调用函数过程同样有两种方法：

（1）Call<过程名>（[<实参表>]）。

（2）和 VB 内部函数一样调用。

3. 调用其他模块中的公有过程和函数

（1）调用其他窗体中的公有过程。

① Call <窗体名>.<公有过程名或公有函数名> [实参表]）。

② <窗体名>.<公有过程名或公有函数名>（[实参表]）。

（2）调用标准模块中的公有过程。

① Call [标准模块名].<公有过程名或公有函数名>（[实参表]）。

② [标准模块名] .<公有过程名或公有函数名>（[实参表]）。

1.5.3　过程间参数的传递

1. 形式参数和实际参数

（1）形式参数。

过程定义时，在过程名后圆括号里的变量，称为形式参数，简称"形参"，只有当过程被调用执行时，VB 系统才给形参分配存储空间。形参可以是除定长字符串外的任一单变量或数组变量，若是数组变量，则数组变量名后接空括号。

（2）实际参数。

调用通用过程或函数过程时，出现在过程名后面圆括号里的常量、变量或表达式，称为实际参数，简称"实参"。一般情况下（声明过程时，没有使用 Optional\ParamArray 关键字），过程调用时，实参与形参在数量、变量数值类型上必须一一对应。两者关系如下表 1.11 所示。

表 1.11　形参和实参关系

形　参	实　参
变　量	变量、常量、表达式、数组元素
数　组	数　组

在传址的选项下（默认选项），形参和实参是一一对应的，它们共享同一内存地址，因而对形参的赋值，就会导致调用处实参值的相应变化。

形参变量名可以和其他过程中采用的变量名相同，但在该变量不是全局变量的情况下并不是同一变量，形参变量的值变化也不会引起其他过程中同名变量值的变化；若该变量是全局变量，则任何过程中对其赋值都将引起程序其他地方同名变量值的改变。

2. 参数传递方式

参数有两种传递方式，即传值（ByVal）和传地址（ByRef）。

（1）传址。

传址是让过程根据变量的内存地址去访问实际变量的内容，即形参和实参使用相同的地址，但实参必须是变量，常量和表达式无法传址。

（2）传值。

传值是传递实参的值而不是它的地址。系统将变量复制到一个临时单元，然后将临时单元地址传给被调用的过程，调用结束系统自动收回分配的单元。由于过程没有访问变量（实参）的原始地址，因而不会改变变量原始的值。

传址比传值效率高，但采用传址方式，形参并不是真正的局部变量，有可能对程序的执行产生不必要的干扰，比如在过程中对形参赋值，就会改变对应的实参值，当然反过来利用这一点，也可以从过程中传递值出来。

若调用时实参为常量或表达式，这两种方式没有区别（一律按传值方式）。

1.5.4 过程的作用域

和变量一样，过程也有作用域，VB 中过程的作用域也分模块级和全局级。

1. 模块级过程

模块级过程是在某个模块内定义的过程。若在 Sub 或 Function 前加关键字 Private，则该过程只能被本模块中定义的其他过程调用，即作用域为本模块。

2. 全局级过程

定义过程时，在前加关键字 Public（可省，即不加说明时实际为全局级过程），则该过程可被整个应用程序的各个模块中所定义的过程调用，即作用域是整个应用程序。

过程的作用域与声明方式和位置的关系见表 1.12。

表 1.12　过程的作用域与声明方式和位置的关系

作用范围	模块级		全局级	
	窗体	标准模块	窗体	标准模块
定义方式	过程名前加 Private		过程名前加 Public 或缺省	
能否被本模块其他过程调用	能	能	能	能
能否被本应用程序其他模块调用	不能	不能	能、但过程前加窗体名	能，但过程名必须唯一，否则要加标准模块名

1.6 VB 应用程序的数据输入与输出

1.6.1 人机交互式输入与输出

1. 消息对话框

VB 自带 Msgbox（）函数，其功能是弹出一消息对话框，提示用户并等待用户操作。点击"确定"按钮后，程序继续执行后面的语句。消息对话框如图 1.12 所示。

图 1.12 对话框

Msgbox（）函数语法结构为：

MsgBox（<提示字符串 msg>[，<图标按钮类型值 type>] [，<标题字符串 title>]...）

功能：按指定格式，输出一个含<提示字符串>的对话框，对用户进行提示。

参数说明：

（1）<提示字符串>。

Msg 是一字符串或字符型变量，字符串长度≤1024 个字符，其值显示在消息对话框中。字符串在一行内不能完全显示时，若要分行显示应在分行处用"＋"或"&"连接 Chr（13）（回车符）、Chr（10）（换行符）或二者组合。

（2）图标按钮类型值。

Type 是一个整数值，是分别表示按钮类型、图标种类和按钮位置的三类值的和，用来控制对话框中显示的按钮、图标的种类和数量。

各种类型的值表示内容为：

第一组值（0～5）：

　　0：只显示"确定"按钮（OK）；

　　1：显示"确定"和"取消"按钮（OK，Cancel）；

　　2：显示"终止（Abort）"、"重试（Retry）"、"忽略（Ignore）"按钮；

　　3：显示"是（Yes）"、"否（No）"、"取消（Cancel）"按钮；

　　4：显示"是（Yes）"、"否（No）"按钮；

　　5：显示"重试（Retry）"、"取消（Cancel）"按钮。

第二组值（16，32，48，64）：

　　16：显示图标表示错误批评；

　　32：显示图标表示疑问；

48：显示图标表示警告；

64：显示图标表示信息资料。

第三组值（0，256，512，768）：

0：表示第一个按钮为缺省活动按钮；

256：表示第二个按钮为缺省活动按钮；

512：表示第三个按钮为缺省活动按钮；

768：表示第四个按钮为缺省活动按钮。

（注：每组最多只能取一个数值，相加产生类型值总和。）

（3）单击不同按钮后，MsgBox 的返回值。

1：单击"确定（OK）"；

2：单击"取消（Cancel）"；

3：单击"终止（Abort）"；

4：单击"重试（Retry）"；

5：单击"忽略（Ignore）"；

6：单击"是（Yes）"；

7：单击"否（No）"。

（4）标题字符串 title。

title 值决定消息对话框标题栏中显示的内容，可以直接输入，也可以是字符串表达式。缺省时，标题栏显示应用程序名。

2. 输入对话框

VB 自带 InputBox 函数，可弹出一对话框，用于在程序运行中，让用户输入一些文本信息。如图 1.13 所示即为 InputBox 对话框。

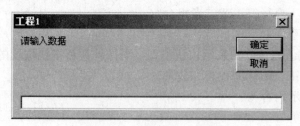

图 1.13　InputBox 对话框

InputBox 函数语法结构为：

InputBox（<提示字符串>[，<标题字符串>][，<文本框显示的缺省值>][，x][，y]）

功能：显示一个含<提示字符串>的对话框，让用户在文本框中输入文本信息，单击"确定"或按回车键，则返回文本框内容，单击"取消"则返回一个空串。

参数说明：

（1）提示字符串：

为一字符串或字符串变量、表达式。

（2）标题字符串：

决定对话框标题栏显示的内容，缺省时，标题栏显示应用程序名。

（3）文本框显示的缺省值：

决定了文本框初始显示并被选中的文本内容。作为无输入时的返回默认值。缺省时文本框为空。

（4）x：

对话框与屏幕左边缘的距离，缺省时对话框呈水平居中状态。

（5）y：

对话框上边与屏幕上边缘的距离，缺省时对话框显示在垂直下 1/3 的位置。

3. 公共对话框

公共对话框不是 VB 标准控件，它属于 VB 专业版和企业版特有的 ActiveX 控件，位于文件：C：\Windows\system\Comdlg32.ocx 中。引用公共对话框只需点击菜单"工程 \ 部件 \ 控件"进入图 1.14 所示窗口后，勾选"Microsoft Common Dialog Control 6.0"后，点击"确定"按钮即可。

图 1.14　引用公共对话框

引用公共对话框后，用户可利用公共对话框在窗体上创建六种标准对话框，分别是：打开 Open、另存 Save As、颜色 Color、字体 Font、打印机 Print 和帮助 Help。调用这些对话框的命令语句分别为：

（1）ShowOpen：显示"打开"对话框；

（2）ShowSave：显示"另存为"对话框；

（3）ShowColor：显示"颜色"对话框；

（4）ShowFont：显示"字体"对话框；

（5）ShowPrinter：显示"打印"对话框；

（6）ShowHelp：显示"帮助"对话框。

4. 文本框

文本框（TextBox）是 VB 系统自带控件，可以提供用户输入文本或显示文本。文本框中输入的字符默认最多为 2 048 个。若将控件的 Multiline 属性设置为 True，则可输入多达 32KB 的文本。

1.6.2 数据文件的读写

复杂数值计算程序数据的录入，由于输入与输出数据量均较大，一般采用读写数据文件的方法。综合运用公共对话框和文件系统对象的方法，可以方便地实现这一功能。具体方法为：

（1）读入文件。

① 通过公共对话框方法打开公共对话框中的"Open"对话框，程序语句为：

```
CommonDialog1.ShowOpen
```

② 将用户在"Open"对话框中选中的文件名（输入或选取现有文件所得带路径的字符串）赋给变量 fname，程序语句为：

```
fname = CommonDialog1.FileName
```

③ 应用文件系统 FileSystemObject 对象方法打开文件，并将其内存地址赋值给文本文件对象型变量 ts（对象型变量 fso、ts 需要事先声明），程序语句为：

```
Set ts = fso.OpenTextFile(fname)
```

④ 逐行读取文件，并赋值为字符串型变量 strings，程序语句为：

```
strings = ts.ReadLine
```

（2）写入文件。

① 通过公共对话框方法保存打开公共对话框中的"Save"对话框，程序语句为：

```
CommonDialog1.ShowSave
```

② 将用户在"Save"对话框中选中的文件名（输入或选取现有文件所得带路径的字符串）赋值给字符型变量 fname，程序语句为：

```
fname = CommonDialog1.FileName
```

③ 创建以 fname 为名的文本文件，并获取内存地址，赋值给文本型文件对象型变量 ts，程序语句为：

```
Set ts = fso.CreateTextFile(fname, True)
```

④ 将输出内容 Strings 写入文件 ts，程序语句为：

```
ts.Write strings
```

1.7　菜单与工具栏设计

对于较简单的程序，一般通过快捷命令按钮作为人机交互的方法，控制程序的运行和流程。但是程序界面空间有限，对于复杂、多功能的程序，事件过程较多，快捷按钮设置受空间限制，不能满足要求，因此下拉菜单作为人机交互、控制各种功能模块的运行的主要方式，具有不可替代的作用，如图 1.15 所示。

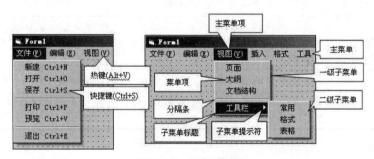

图 1.15　下拉菜单

1.7.1　编辑菜单

1. 菜单编辑器

菜单控件不在 VB 工具箱中，需用菜单编辑器来设置。菜单控件只有一种事件，即 Click 事件。

在对象窗口已打开的前提下，菜单编辑器可通过"工具"菜单中的"菜单编辑器"、Ctrl + E 热键、工具栏中的"菜单编辑器"按钮、窗体上单击右键、在快捷菜单上单击"菜单编辑器"等五种方法进入。

菜单编辑器分 3 个部分：菜单控件属性区、编辑区、菜单显示区，如图 1.16 所示。

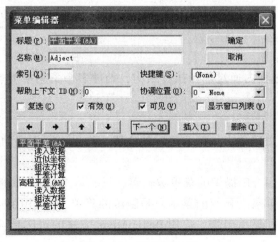

图 1.16　菜单编辑器

（1）菜单控件属性区属性设置项。

表 1.13　菜单控件属性区

属　　性	说　　　　明
标题（Caption）	设置标题，可在标题中设置热键，可用分隔线分类分隔
名称（Name）	设置菜单项名称，其命名规则与一般控件相同
索引（Index）	设置菜单数组控件下标
快捷键（Shoutcut）	设置与菜单项等价的快捷键
复选（Check）	复选属性值为 True 时，可在相应菜单项旁加√号，设置该菜单项在程序运行时处于选中状态（顶级菜单不可设），这个属性不改变菜单的效果，也不影响事件对任何对象的作用结果
（Enable）	设置菜单的操作状态，属性为 False 时，菜单变"灰"，不响应用户事件
（Visible）	设置菜单是否可见，设为 False 时，相应的菜单项将被暂时从菜单中去掉，直到属性被重新设置为 True

（2）编辑区。

编辑区共有七个按钮，用于对输入的菜单项进行简单的编辑。其中左右箭头按钮用于产生或取消内缩符号"…"，上下箭头按钮用于调整菜单项的上下位置，"下一个（N）"用于进入下一个菜单项的设计，"插入（I）"按钮用于在光标处插入一个空白菜单项，"删除（D）"按钮用于删除光标所在处的菜单项。

编辑区说明：菜单项字母前加"&"，则该字母下显示一下划线， 带下划线字母通常是快捷键方式所用字母。一个内缩符号由四个点组成，表示一层，两个内缩符号表示两层，最多六层。若在标题栏只输入一个"—"，这表示产生一个分隔线。选定一个菜单项以后，可在快捷键选择窗口内选定快捷键。

（3）菜单显示区。

该区以层次结构列出了所设计的菜单体、快捷键、热键以及菜单项之间的层次关系。

2. 菜单控件数组

顶层菜单下的各个子菜单设置同样的"Name"属性，则各子菜单构成控件数组。子菜单采用动态数组，具有两项显著优势：

① 动态地增删菜单项。

② 可在一个事件过程内通过选择执行结构，处理多个子菜单项点击事件。

3. 弹出式菜单

弹出式菜单能根据用户单击鼠标右键时的位置，弹出不同内容的菜单，灵活地为用户提供更加便利的操作。

弹出式菜单仍然使用 VB 提供的菜单编辑器，只是将 Visible 属性设置成 False 而已。实际上不论是窗口顶部菜单条上显示的菜单还是隐藏的菜单，都可用 PopupMenu 方法把它作为快捷菜单在程序运行期间显示出来。应用 PopupMenu 方法的语法是：

[<对象名>.] PopupMenu<菜单名>[,Flage[,x[,y[,Boldcommand]]]]

关于 PopupMenu 方法中的参数：

① 若命令行中的省略[<对象名>]，VB 系统将打开当前窗体的菜单。

② <菜单名>是指通过菜单编辑器设计的菜单（至少有一个子菜单项的）的名称。

③ Flage 参数为一些常量数值的设置，包括位置和行为两个指定值，如表 1.14 和 1.15 所示，两个常数可以相加或以"or"相连。

表 1.14　位置参数

位置参数	说　明
0（默认）	菜单左上角位于 x
4	菜单上框中央位于 x
8	菜单右上角位于 x

表 1.15　行为参数

位置参数	说　明
4	菜单命令只接受右键单击
8	菜单命令可接受左、右键单击

④ Boldcommand 参数指定一粗体字显现的菜单项名称，一个菜单中只能有一个菜单项被加粗。

⑤ 为创建一个不显示在菜单栏中的菜单，可在设计时使顶级菜单项为不可见。

在 VB 的文本框中，无需编程，单击右键即可得一个 Windows 系统弹出式菜单。

Button 参数指出按下哪一个鼠标键，1-左、2-右。Shift 参数指出鼠标事件发生时键盘上哪一个键被按下，1-Shift、2-Ctrl、3-Alt。同时发生则用和表示。

1.7.2　工具栏设计

工具栏是标准 Windows 界面的组成元素之一，利用工具栏控件 ToolBar 可以很方便地将经常使用的命令建成工具栏按钮，并为按钮指定图像、文字与提示，构成功能全面的应用程序工具栏。一般工具栏控件 ToolBar 需要与图像列表控件 ImageList 配合使用，由 ImageList 控件提供所需要显示的工具栏按钮图像。

工具栏也可以用 command 控件，通过手工方式创建。

1. 手工制作工具栏

手工制作工具栏的一般步骤如下：

（1）在窗体上加一图片框（PictureBox），并通过设置图片框的 Alige 属性控制工具栏的状态。当窗体改变大小时，Alige 属性非 0 的图片框会自动改变大小，以适应窗体。

（2）在图片框中添加命令按钮控件，并设置相同名称，组成控件数组。

（3）可用不同的图标或者 Caption 属性赋值表示按钮功能，还可以对 ToolTipText 属性赋值为工具按钮添加提示。

（4）编写代码。由于工具按钮通常是为菜单命令提供快捷访问，所以实际上是在 Click 事件中编写调用对应菜单的代码。

2. 使用 ToolBar 控件与 ImageList 控件制作工具栏

VB 用来创建工具栏的控件是 ToolBar 控件与 ImageList 控件，用这两个控件制作工具栏的步骤如下：

（1）在工具箱中添加图像控件 ImageList：选中"工程\部件\Microsoft Windows Common Control 6.0"复选框。

（2）在窗体内添加 ImageList 控件：在工具箱中双击 ImageList 控件。

（3）向 ImageList 控件添加图片：操作步骤为：

① 用鼠标右击 ImageList 控件，在弹出式菜单中选择属性进入属性页对话框。选择"图像"选项卡，单击"插入图片"按钮，在对话框中选择图像文件（.bmp 或.ico）添加到 ImageList 控件中去。

② 在关键字栏中输入关键字（Key），关键字必须为该图片唯一标识符。索引（Index）为图像的唯一序号，一般由系统自动设置。在后面的程序设计中，其他控件将使用索引（Index）或关键字（Key）来引用所需的图像。

重复①、②两步，可以添加多个图片。如添加"复制"与"粘贴"图像。VB 自带图像文件存放目录为："...Program Files\Microsoft Visual Studio\Common"。如图 1.17 所示。

图 1.17　向 ImageList 控件添加图片

（4）将 ToolBar 控件添加到窗体：方法与引用 ImageList 控件相同。

（5）将 ImageList 与 ToolBar 控件相关联：用鼠标右击 ToolBar 控件，在弹出式菜单中选择属性，则出现如图 1.18 所示属性页对话框界面。在图 1.18 中选择"通用"选项卡，然后在"图像列表"栏目中选择 ImageList1，即建立了两个控件的关联。建立关联后 ToolBar 控件即可使用 ImageList1 中的图像。

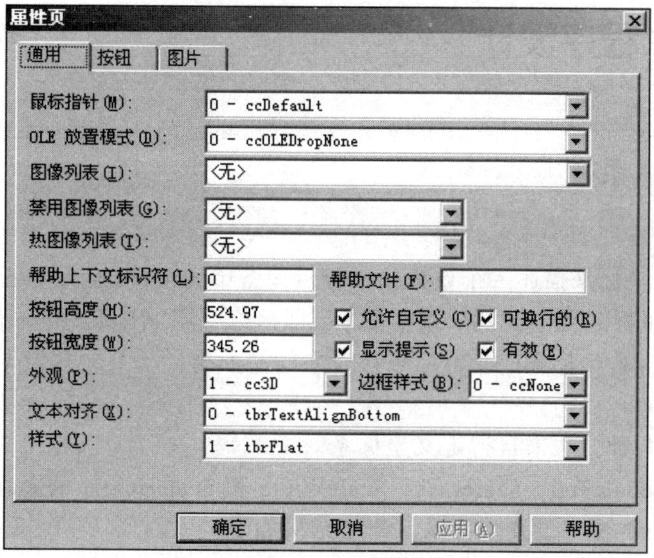

图 1.18　ToolBar 控件属性设置对话框

（6）ToolBar 控件中添加按钮：在图 1.18 中选择"按钮"选项卡，在弹出的对话框中设置按钮属性（图 1.19）。

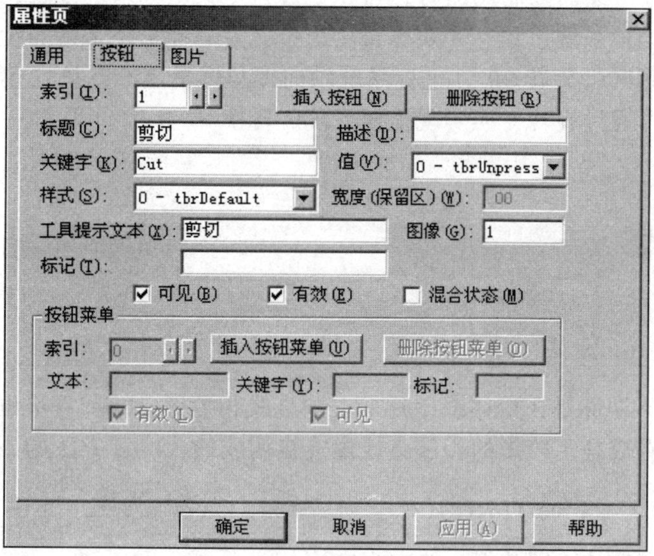

图 1.19　按钮属性设置

单击"插入按钮"后，"索引"框中出现数字 1，依次输入按钮标题（如"剪切"）、关键字（如 Cut）、图像（如 1）等项的内容后，再单击"插入按钮"继续录入其他按钮，如"复制"与"粘贴"等。最后单击"确定"按钮结束添加按钮的操作。

（7）ToolBar 控件常用事件：ToolBar 控件常用事件为单击工具栏事件 ButtonClick（ ）。工具栏由多个按钮组成，共用一个 ButtonClick（ ）事件过程，在事件过程中使用按钮的关键字 Key 为识别条件，编写多路分支程序分别完成不同的任务。

1.8 VB 图形程序设计

1.8.1 屏幕坐标系统

Visual Basic 用坐标来描述一个像素位于显示设备中的位置，而每个设备都有自己的一个坐标系。构成一个坐标系要包含三个基本要素，即坐标原点、坐标度量单位和坐标轴的方向。

缺省情况下，屏幕坐标系的坐标原点在对象的左上角，水平向右为 x 轴的正方向，垂直向下为 y 轴的正方向。

用户可以通过两种方法来自行定义坐标系。

（1）通过修改 ScaleTop、ScaleLeft、ScaleWidth 和 ScaleHeight 的属性值建立坐标系。

（2）使用 Scale 方法来设置坐标系。语法结构如下：

$$[对象].Scale\ (x1,y1)\text{-}(x2,y2)$$

其中：对象为可选项，它可以是 Form、PictureBox 或 Printer 对象；（x1，y1）为所定义坐标系的左上角的坐标；（x2，y2）为所定义坐标系的右下角坐标。

在测量平差程序中绘制控制网图时，可以通过自定义坐标系统方法，设置屏幕坐标系统坐标轴方向与测量坐标系统一致，并换算长度单位。另一种思路是将测量坐标转换为屏幕坐标。由于测量坐标顺时针旋转 90°，坐标系统轴向即与屏幕坐标系统一致，所以顾及到两者尺度上的差异，就可通过旋转变换实现坐标系统的转换。

1.8.2 点与直线

1. 直线绘制 Line 方法

Line 方法的基本功能是在窗体或图片框上画直线和矩形，Line 方法也可以绘制曲线，因为任何曲线都可以看成是由较短的相邻直线段连接而成的。Line 方法的语法结构为：

$$[对象.]\ Line\ [[Step](x1,y1)]\text{-}[Step](x2,y2)[,颜色][,B][\ F]$$

其中对象可以是窗体或图片框，缺省为窗体；（x1，y1）和（x2，y2）分别表示线段的起始坐标和终止坐标。若加了 Step 关键字，（x2，y2）分别是相对于（x1，y1）的坐标增量值。

2. 绘点的 Pset 与 Point 方法

（1）Pset 方法。

Pset 方法的基本功能是在窗体或图片框上绘制点。Pset 方法语法结构如下：

$$[对象.]Pset\ [Step]\ (x,y)\ [,Color]$$

其中对象是调用 Pset 方法的对象名称，一般是窗体或图片框；（x，y）用来指定点的水平和垂直坐标；Color 用来指定点的颜色，[Step]（x，y）表示相对当前点的坐标增量。

（2）Point 方法。

Point 方法用来返回窗体或图片框上指定位置的颜色值，用长整型数据来表示。它的语法结构如下：

$$[对象.]Point\ (x,y)$$

其中对象和（x，y）的用法和 Pset 方法中的用法相同。

1.8.3 曲线、圆和椭圆

Circle 方法

Circle 方法的基本功能是在窗体或图片框上绘制圆、椭圆、弧或扇形。Circle 方法的语法结构如下：

$$[对象.]Circle\ [Step]\ (x,y),\ Radius\ [,Color,Start,End,Aspect]$$

其中对象是调用 Circle 方法的对象名称；（x，y）用来指定圆心坐标；Radius 表示半径的长度；Color 为所画图形的颜色；Start 和 End 分别表示圆弧或椭圆弧的开始和终止角度；Aspect 是所画圆的纵横尺寸比。

需要指出的是，Circle 方法不能绘制任意方向的椭圆，因此不能实现控制点误差椭圆的绘制。

1.8.4 颜色的设置

Visual Basic 提供了两个选择颜色的函数 RGB（）和 QBColor（）。

1. RGB（）函数

RGB（）函数通过红、绿、蓝三种基本色的混合来生成某种颜色，其语法结构为：

$$RGB（red,green,blue）$$

其中 red、green 和 blue 三个参数都是必要参数，分别表示红、绿和蓝色的颜色成分，它们的取值范围都是 0 ~ 255 间的整数。

2. QBColor（）函数

QBColor（）函数能提供 16 种颜色，其语法结构为：

$$QBColor（color）$$

其中 Color 为必要参数，是一个界于 0～15 间的整数，每个整数代表一种颜色。

例：利用学过的画图方法画出颜色渐变背景，如图 1.20 所示。

图 1.20 渐变色背景

参考代码：

```
Private Sub Form_Paint ( )
Dim i As Integer, x As Single, y As Single, h As Single
    x = Form1.ScaleWidth
    y = Form1.ScaleHeight
    h = 255 / y
    For i = 0 To y
        Form1.Line (0, i)-(x, i), RGB(i * h, i * h, 255)
    Next i
End Sub
```

1.9 工程的创建与管理

1.9.1 工程的概念

Visual Basic 6.0 可以创建标准的 Windows 应用程序、ActveX 与 Active 文档等，在设计阶段，VB 通称它们为一个工程。

任何一个简单的应用程序都是一个工程，简单的工程只包含一个窗体，但对于一些较复杂的应用程序，工程中可能包含若干个窗体、模块等文件。设计 VB 程序涉及工程与文件的新建、保存、移除等多种操作，这些操作贯穿于创建应用程序的整个过程。

工程资源管理器是用来管理工程的，它的功能就像 Windows 中的资源管理器一样。执行【视图】菜单中【工程资源管理器】命令，或单击工具栏中的【工程资源管理器】按钮，均可打开工程资源管理器。

在工程资源管理器中，列出了当前用户所创建的所有工程，并且以树状的形式显示了每个工程的组成。在图 1.21 所示工程资源管理器可见当前只有一个过程，工程中包含一个窗体。单击工程名前的"－"节点或"＋"节点可以收起或展开工程。

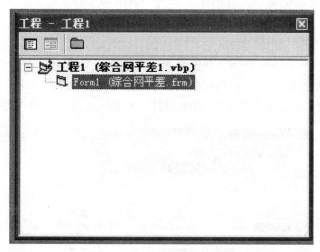

图 1.21　工程资源管理器

在工程资源管理器中，显示有工程名、工程文件名、窗体名和窗体文件名。

工程文件名与窗体文件名是用户在保存工程时为工程与窗体指定的名称。窗体名是指用户在【属性】窗口中为窗体设置的"Name"属性值。工程名为 VB 对用户所创建的应用程序的标识。

在默认情况下，VB 自动为工程命名为工程 1、工程 2 等，当然用户也可以自行指定工程的名称，操作方法是执行【工程】菜单中的【工程名属性】命令，弹出【工程属性】对话框，在其中的【工程名称】文本框中输入工程的新名称，单击【确定】按钮即可。

资源管理器左上角的按钮是【查看代码】按钮，右边紧靠的是【查看对象】按钮，单击它们可以分别打开所选窗体的【代码】窗口和【窗体设计】窗口，双击窗体的名称也可以打开其对应的【窗体设计】窗口。图 1.21 中【查看对象】按钮呈灰色，表明对象窗口处于打开状态。

一个工程包括：

① 跟踪所有部件的工程文件（.vbp）。

② 每个窗体的文件（.frm）。

③ 每个窗体的二进制数据文件（.frx），它含有窗体上控件的属性数据。含有二进制属性（例如图片或图标）的任何.frm 文件都是不可编辑的，这些文件都是 VB 系统自动产生的。

④ 每个类模块的一个文件（.cls），该文件是可选项。

⑤ 每个标准模块的一个文件（.bas），该文件是可选项。

⑥ 一个或多个包含 ActiveX 控件的文件（.ocx），该文件是可选项。

⑦ 单个资源文件（.res），该文件是可选项。

工程文件就是与该工程有关的全部文件和对象的清单，也是所设置的环境选项方面的信息。每次保存工程时，这些信息都要被更新，并且所有这些文件和对象也可供其他工程使用。

1.9.2　建立、打开、删除、添加和保存工程

"文件"菜单上的四个命令允许创建、打开、删除和保存工程。

1. 新建工程

在开始菜单中打开 Visual Basic 6.0 企业版，便会见到如图 1.22 所示界面。选择你所要创建的工程类型，便可创建工程。也可在菜单栏—文件中选择"新建工程"。若双击 VB 已有工程文件进入 VB 系统，不会弹出图 1.22 所示窗体，需要执行点击菜单"文件\新建工程"操作。

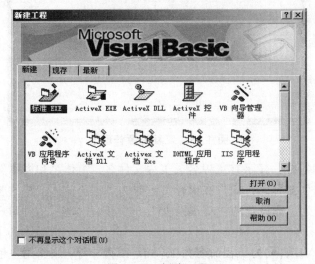

图 1.22　新建工程

2. 打开工程

直接双击工程文件（*.vbp）可打开工程文件，也可在文件下拉菜单中选择"打开工程"，如图 1.23 所示。

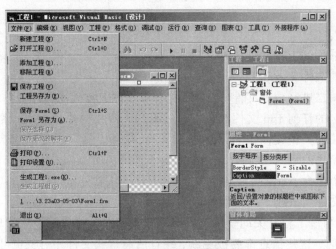

图 1.23　文件下拉菜单

3．删除工程

在文件下拉菜单中选择"移除工程"。

4．添加工程

在文件下拉菜单中选择"添加工程"。

5．保存工程

在文件下拉菜单中选择"保存工程"（快捷键 Ctrl + S）。

1.9.3　工程属性设置

如图 1.24 所示，在菜单栏—工程中选择（工程名）属性，便可打开如图 1.25 所示的窗口。

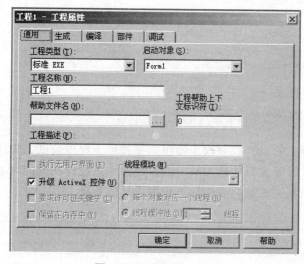

图 1.24　工具栏

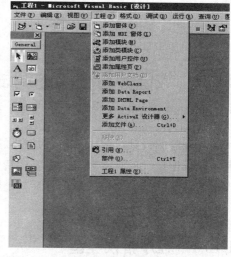

图 1.25　属性窗口

在这里可以设置工程类型、启动对象、工程名称等。

1.9.4　建立可执行文件

要编译程序，在菜单栏中选择"文件-生成（工程名.exe）"，如图 1.26 所示。

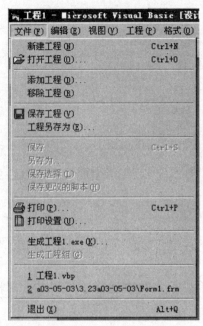

图 1.26　生成 exe 文件

1.10　数值计算程序的调试

在程序的设计过程中，错误是难以避免的，查找和改正错误的过程称为程序调试。程序调试是程序设计的重要环节，需要耗费设计者大量的精力和时间，因而熟悉设计问题的数学模型，具有细致、周密的思维习惯，是顺利完成复杂数值计算程序设计的基础。

1.10.1　程序错误类型

数值计算程序产生错误的原因很多，难以逐一列举，但就错误的类型而言，可以大体划分为以下四种。

（1）编辑错误。

用户在代码窗口编辑代码时，VB 会对程序自动进行语法检查，当发现程序代码存在语句输入不完整、关键字输入错误、括号不匹配、遗漏了必要的标点符号等错误时，会弹出一个信息窗口，提示出错信息，并且出错行变为红色。这类错误属于代码输入错误，因此称为编辑错误。

处理方法：用户可以根据信息窗口的提示信息查找相关错误语句，或点击帮助，进一步获取错误提示的信息。编辑错误的查找和纠正，相对于其他类型的错误相对容易。

（2）编译错误。

在程序编辑错误修改完成后，用户点击"启动"按钮，VB 在开始运行前先编译程序，这时系统查出的程序错误称为编译错误。此类错误往往是过程中形参与调用时实参变量数目、类型不一致，For-Next 循环不对应，If Then 与 End If 不配对，通用过程、函数过程名称声明与调用时不一致等原因导致。这时 VB 会弹出一个信息窗口，指明出现错误的原因，并且高亮显示出错行。大多数情况下，这类错误容易查找，但是有时候高亮度显示的语句本身并没有错误，错误是由其他问题引起，因而查找时不可仅仅局限提示行。

处理方法：用户可以根据信息窗口的提示信息查找错误，或点击帮助，获取相关帮助信息。

（3）运行错误。

运行错误指 VB 在编译通过后，运行程序时发生的错误。这类错误往往是由指令代码执行了非法操作引起的。如类型不匹配、试图打开一个不存在的文件等。此时，VB 弹出一个信息框，显示错误原因，出错行以黄底黑字突出显示。

用户在信息窗口上可以点击"调试"进入中断模式以编辑错误行，或点击"结束"以终止程序执行，回到设计状态继续编辑和查错。

（4）计算错误。

程序运行后，得不到所期望的结果，这说明程序存在计算错误。计算错误产生的原因可能包括运算符使用不正确，语句的次序不对，选择执行语句条件设置错误，循环语句的初值、终值不正确，全局变量值在过程中被无意修改，错误地对过程中形参赋值等。这类错误除了溢出和数组下标超限等类型外，VB 系统均不予提示。

相对其他错误，计算错误是最难排查的，需要程序员仔细地阅读程序、采取插入断点、程序跟踪、查看变量值的变化等措施，来找出错误并修改。

需要指出的是，数据存在问题的时候，也会出现（3）、（4）类错误，在排查错误之前，首先要确认数据的正确性。

1.10.2 调试工具

VB 系统有三种工作模式，分别是设计模式、运行模式和中断模式。在设计模式下，完成建立应用程序的用户界面、设置控件的属性、声明变量和过程、编写程序代码等工作。在运行模式下执行程序完成设定的工作。中断模式则是调试程序的工作模式。在此模式下，可利用各种调试手段查找或改正错误，直至最后完成程序设计工作。用户在中断模式下，可以查看、修改代码、检查数据，设置断点、查看变量值的变化等操作，实现程序的调试。

VB 为调试程序提供了一组交互的、有效的调试工具和方法，如设置断点、观察变量、过程跟踪等。为了调试程序的方便，用户可以使用 VB 的调试工具栏调用这些工具，如图 1.27 所示。在默认情况下，VB 界面上不显示调试工具栏。调用方法是：打开【视图】菜单，指向【工具栏】选项，则弹出【工具栏】子菜单，执行其中的【调试】命令即可打开调试工具栏。

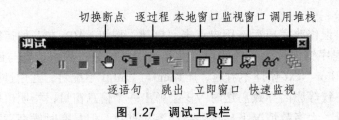

图 1.27　调试工具栏

调试工具栏中逐语句方式和逐过程方式的区别是：逐语句方式一次只能执行一条语句，如果当前语句是过程调用语句，则逐语句方式将进入该过程并执行该过程中的每一条语句。逐过程方式同样是每次执行一句，若当前语句是一条普通语句，则逐过程方式和逐语句执行方式结果一样，如果当前语句是一条过程调用语句，则逐过程方式是一次执行完该过程，然后回到当前过程的下一条语句。

调试工具栏中各调试工具用途如表 1.16 所示。

表 1.16　调试工具

调试工具	用　　途
启动	启动窗体开始运行程序，初始化所有变量
中断	中断程序运行，进入中断模式
结束	停止程序运行，返回到设计模式
切换断点	在代码窗口中确定一行，VB 在该行中断程序的执行
逐语句调试	执行应用程序代码的下一个可执行语句，并可跟踪到过程中
逐过程调试	执行应用程序代码的下一个可执行语句，但不跟踪到过程中
跳出	执行当前过程的其他部分，并在调用过程的下一行处中断执行
本地窗口	显示局部变量的当前值
立即窗口	当应用程序处于中断模式时，允许执行代码或查询变量值
监视窗口	显示选定表达式的值
快速监视	当应用程序处于中断模式时，列出表达式的当前值

1.10.3　错误排查

1）在中断模式中查看、修改、跟踪出现的错误

在中断模式中，用户可以用鼠标跟踪查看相关变量、属性和表达式的值，检查程序运行计算是否存在问题。进入中断模式的方法很多，常用的几种途径有：

①　在代码中插入 Stop 语句，当程序运行到该语句处就会停下来，进入中断模式。

②　在代码窗口中，把光标移到要设置断点的那一行，点击"调试"菜单中的"切换断点"命令（或按下快捷键 F9）。

③　在代码窗口中设置断点。

④ 在程序运行时，单击工具栏上的"中断"按钮，或选择"运行"菜单中的"中断"命令，或按 Ctrl + Break 键。

⑤ 当程序运行出现错误时，也会自动切换到中断模式。

在主动进入中断模式的方法①→④中，设置断点是最方便实用的方法。插入断点的步骤是：在需要设置断点的语句左侧灰色区点击鼠标左键或鼠标定位后按下 F9 键，即可在此语句处设置断点，如图 1.28 所示。程序执行到此处时就自动停止运行，供用户查看断点处变量或表达式的值。VB 不限制设置断点的数目，被设置断点的语句以紫底白字突出显示。点击程序执行键▶，程序运行到下一个断点，当前断点以黄色背景色突出显示。调试工作结束，执行点击"调试\清除所有断点"命令，即可清除全部断点。

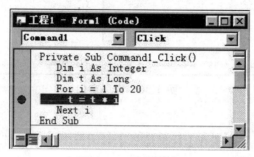

图 1.28　设置断点

2）添加监视

调试窗口是 VB 的重要调试工具，在逐语句运行时可用调试窗口监视表达式和变量的值。VB 系统设置三个调试窗口：本地窗口、立即窗口和监视窗口。

（1）本地窗口。

"本地"窗口可显示当前过程所有局部变量的当前值，如图 1.29 所示。

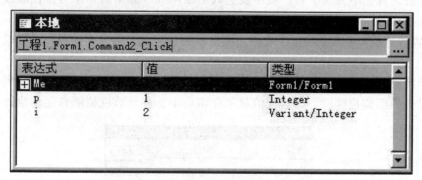

图 1.29　本地窗口

（2）立即窗口。

在立即窗口中，输入可执行代码就可以立即看到结果。分别输入 "?P" 和 "?i"，立即显示当前结果为 1 和 2。在立即窗口中，有两种方法可获得程序中需要查找的参数的值。

① 直接在立即窗口输入 Print 方法。

当程序进入中断模式时，可以打开立即窗口或切换到立即窗口来查看数据。键入 "Print 参数名" 或 "? 参数名"，就可立即获得程序中该参数的当前值。

② 在应用程序中使用 Debug.Print 语句。

Debug 是 VB 提供的、无须设置就自动进入用户程序的标准系统对象。通过该对象的 Print 方法，可以将调试信息直接输出到立即窗口。例如在程序中设置语句 Debug.Print Str（i），即可在应用程序运行的同时，在立即窗口观察查看到数据，如图 1.30 所示。此外，除了能在立即窗口输出变量或属性值外，还可以在立即窗口给变量或属性赋新值。

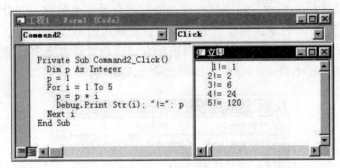

图 1.30　立即窗口

（3）监视窗口。

运用监视窗口调试程序需要在【添加监视】对话框中设置监测内容，如图 1.31 所示。具体操作步骤如下：

① 执行【调试】菜单中的【添加监视】命令，则弹出【添加监视】对话框，在【表达式】框中输入要监视的表达式，例如，要监视变量 B 的值，可以输入 B。

② 在【上下文】区中选择被监视的表达式所在的过程和模块。

③ 在【监视类型】区中选择一种表达式的监视类型，如果选择【监视表达式】单选按钮，则监视窗口显示表达式的值。如果选择【当监视值为真时中断】单选按钮，则在程序运行中，当表达式的值为真（不为 0）时，程序就进入中断模式。如果选择【当监视值改变时中断】单选按钮，则在程序运行中，一旦表达式的值改变，程序就进入中断模式。

④ 设置各选项，单击【确定】按钮完成监视窗口设置。重复上述操作，可以添加多个监视表达式。

若选择设置【监视表达式】，则需要在监视处设置断点及逐语句跟踪方式，当程序运行到断点暂停时会弹出监视窗口，将监视值显示在窗口中，并且监视值随着逐句执行而变化。

图 1.31　监测窗口设置

1.11 VB.NET 简介

Visual Basic（简称 VB 6.0）和 Visual Basic.NET（简称 VB.NET）都是微软推出的 Windows 环境下的编程语言。Visual Basic.NET 是微软公司在 2002 年推出的一种基于 NET 平台的开发语言。到目前为止，Visual Basic.NET 最新版开发环境为 Visual Studio 2013。

VB.NET 是在 VB 6.0 的基础上发展起来的，其语法与 VB 6.0 相似，但 VB.NET 并不是 VB 6.0 的简单升级，而是增加了更多特性，已经演化为完全面向对象的编程语言，具有完全面向对象的特性，如继承、封装、重载、多态等。

利用 VB.NET 所开发的程序源代码并不是直接编译成能够在操作系统上执行的二进制本地代码，而是被编译成为中间代码，然后通过.NET Framework 的通用语言运行时（CLR）一一执行。

1.11.1 VB.NET 与 VB 6.0 的区别

VB.NET 与 VB 6.0 相比，首先前者是完全面向对象的语言，而后者不是完全面向对象的；其次 VB.NET 是构建于.NET Framework 之上的。当然两者同属 Basic 系列语言，又同为微软所开发，语法上有一定的相似或沿袭，但不能因此认为 VB.NET 是 VB 6.0 的简单升级。

VB.NET 具有以下特性：

① VB.NET 完全集成到 Visual Studio 集成开发环境中，这种集成开发环境与 VB 6.0 在若干方面有差异，主要体现在窗体的布局以及菜单等方面。

② VB.NET 工程项目管理与 VB 6.0 有所不同。它使用基于文件夹的模型，所有项目均放置在有层次结构的项目文件夹中。

③ VB.NET 使用 ADO.NET 来访问数据库，ADO.NET 是.NET 框架的一部分。在 VB.NET 中实现数据访问的方法主要有两种：一种是在程序设计阶段，通过创建、配置数据适配器 DataAdapter 和生成数据集 DataSet；另一种是在运行中，通过编程方式动态创建配置数据适配器和创建、生成数据集。

④ VB.NET 已经成为完全面向对象的编程语言，支持面向对象的四个基本属性：抽象、继承、多态、封装等，但 VB 6.0 是面向过程的语言，它只支持部分面向对象的内容，如多态、接口等。

1.11.2 VB 6.0 代码升级为 VB.NET 代码

（1）VB 6.0 源代码转换为 Visual Studio 2008 及以下版本的 VB.NET 代码：

① 打开 Microsoft Visual Studio 2008。

② 打开 VB 6.0 项目，系统自动弹出升级向导，按照默认选项进行升级，如图 1.32 ～ 1.35 所示。

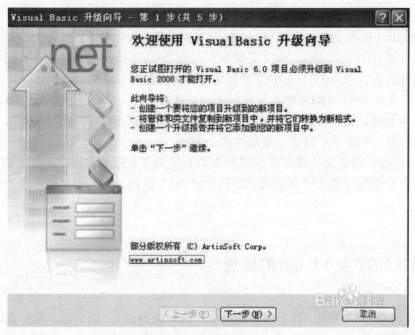

图 1.32　升级向导 1

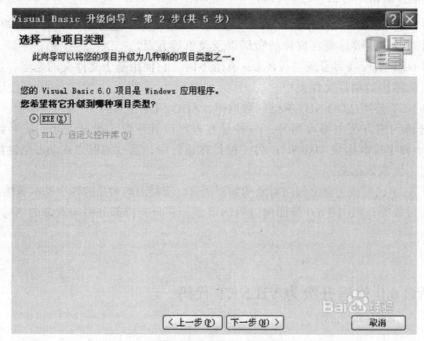

图 1.33　升级向导 2

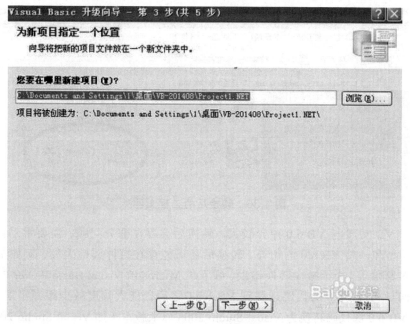

图 1.34　升级向导 3

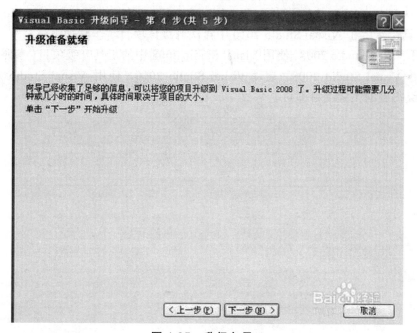

图 1.35　升级向导 4

③ 等待几十秒后，开始升级。

④ 转换完之后，可以在 VS 编程工具中看到自动完成转换的 VB.NET 源代码。

⑤ 在原 VB 6.0 源代码文件夹中会看到新增的[Project1.NET]文件夹。这个文件夹中保存的就是转换为 VB.NET 后的源代码文件，至此已经成功将 VB 6.0 转换为 VB.NET 代码。

图 1.36　转换后的工程文件夹

注：由于 VB.NET 与 VB 6.0 差异较大，转换后会存在部分问题，需要手动修改。如数组下标、数据类型和一些 VB 6.0 语句等，转换后还可能存在控件属性丢失，例如菜单中有些属性已经完全被移除等。为了减少转换错误，可下载 Microsoft Visual Basic Power Packs 并安装，这样在使用向导将 VB 6.0 的代码迁移到 VB.NET 之后，能大幅度减少编译错误。

（2）将 VB 6.0 源代码转换为 Visual Studio 2008 以上版本（如 Visual Studio 2010）VB.NET 代码。

Visual Studio 2010 及以上版本没有为 Visual Basic 6.0 应用程序和项目提供升级工具。如果要将项目从 Visual Basic 6.0 升级到 Visual Basic 2010，可以使用 Visual Studio 早期版本提供的升级工具，然后在 Visual Studio 2010 中再次升级该项目。步骤如下：

① 打开 Visual Studio 2008，使用 Visual Studio 2008 中的工具升级项目（参照上节所示）。

② 关闭 Visual Studio 2008，启动 Visual Studio 2010，使用 Visual Studio 2010 升级由 VS 2008 升级得到的工程项目即可。

第2章　测量平差程序设计的数学模型

2.1　测量平差的任务

由于观测条件（观测者、仪器、外界条件）的局限，观测误差不可避免。观测误差分为系统误差和偶然误差两类，两者在观测过程中总是同时存在的。系统误差对观测成果的影响是积累性的，但是由于其符号、大小有一定的规律，所以可采用一定的观测程序，或者通过数学模型改正的方法予以消除或减弱，使观测误差主要表现为偶然误差。

测量工作中为了提高观测结果精度和可靠性，要求进行多于必要观测数的观测，多出的观测值数目，称为多余观测数。当存在多余观测值时，观测值之间理论上存在一定的几何（物理）关系，由于存在观测误差，观测值不会满足这些关系，测量学称由此产生的不符值为闭合差。闭合差是观测误差的表现，其大小客观上反映了观测质量的优劣。

不符值会导致测量成果随推算路线不同而异，使得观测结果不具唯一性，这在测量学上是不允许的，因而必须予以消除。偶然误差是难以消除的，消除闭合差不等于消除偶然误差，但采用科学方法消除闭合差，可以提高测绘成果的精度和可靠性。测量平差就是研究消除闭合差，求观测值及其函数最可靠值，并评定其精度的数学理论与方法。

2.2　衡量精度的数字指标

2.2.1　偶然误差的分布

偶然误差Δ（又称真误差）就其个体而言，数值的大小和符号没有任何规律性，呈现出一种随机特性。但就大量偶然误差的整体而言，却服从一定的统计规律。根据大量观测数据的统计研究，偶然误差是服从正态分布的，其概率密度函数为

$$f(\Delta) = \frac{1}{\sqrt{2\pi}\sigma} e^{\frac{-\Delta^2}{2\sigma^2}}$$

（2-1）

根据正态分布的密度函数，可以得出偶然误差的统计规律：

（1）误差绝对值有一定限值，出现大绝对值误差属于小概率事件；

（2）绝对值小的比大的多；

（3）绝对值相等的正负误差出现的个数相等或接近；

（4）偶然误差的数学期望等于 0。

2.2.2　衡量精度的数字指标

正态分布概率密度函数最大值为 $f(0) = \dfrac{1}{\sqrt{2\pi}\sigma}$，其值的大小与参数 σ 成反比。对于一个必然事件概率值为 1，以图形解释即概率密度曲线与横轴围成的面积值为 1，因而 $f(0)$ 越大，概率密度曲线形状就越陡峭，反之则越平缓，而 σ 小则 $f(0)$ 大，σ 大则 $f(0)$ 小，所以 σ 决定了曲线的形状（图 2.1）。

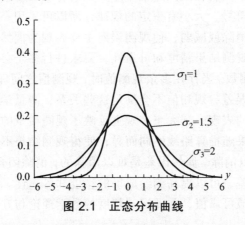

图 2.1　正态分布曲线

对于形状陡峭的概率密度曲线，很显然随着误差绝对值的加大，概率值迅速地减小，即偶然误差更集中地分布在 0 附近，称为误差分布离散度小。反之形状平缓的概率密度曲线，则表明偶然误差分布较为分散，或者说离散度大。不难理解，离散度小时，偶然误差集中分布在 0 点附近，偶然误差绝对值小得多，说明观测值质量较好，或者说精度较高；反之，离散度较大时，表明偶然误差在 0 点附近的集中程度较低，因而对应的观测值质量较差，或者说精度较低。由此可见，精度又可以定义为误差分布的离散程度。

由于参数 σ 决定了误差分布的离散程度，因而可以采用 σ 作为衡量精度的数字指标，概率统计称之为标准差，测量上称为中误差。两个（组）观测值的中误差 σ 相同，则称两个（组）观测值为同精度观测值，反之则是不等精度观测值。标准差的平方 σ^2 在概率统计中称为方差，理论上等于偶然误差平方的期望值，即

$$E(\Delta^2) = \sigma^2 = \int_{-\infty}^{\infty} \Delta^2 f(\Delta)\,\mathrm{d}\Delta \tag{2-2}$$

可见，方差实际上是偶然误差平方的理论平均值，或者说是以概率值为权，无穷观测条件下的加权幂平均值。根据偶然误差的特性，显然有 $E(\Delta) = 0$，所以测量学取 $\sigma = \sqrt{E(\Delta^2)}$ 作

为衡量精度的数值指标是不难理解的。

精度数字指标只是误差数值的估算值，不等于确定的误差值，但是中误差相同的观测值，对应着相同的误差分布，被称为等精度观测值。等精度观测值不等于其真实误差相同，由于真误差不可知，因而测量上认为同样的观测条件，对应着同样的误差分布，而对应于同一误差分布的各观测值，都是等精度观测值。

实践中不可能得到真误差，也不可能有无限次的观测，因而式（2-2）只是一个无法实际应用的定义式。实践中是利用观测值改正数得到 σ 的估算值，测量学称 σ 的估算值为中误差，习惯上以字符 m 表示。

2.2.3　衡量精度的相对指标——权

如果说中误差是衡量精度的绝对指标，则权是衡量精度的相对指标。最小二乘平差采用的准则是 $[pvv] = \min$，因而平差计算前必须确定观测值的权。

1. 权的定义

设有观测值 $\underset{n\times1}{L}$，它们的中误差为 $\underset{n\times1}{m^2} = [m_1^2 \quad m_2^2 \quad \cdots \quad m_n^2]^{\mathrm{T}}$。若选一任意常数 m_0^2，定义 $P_i = \dfrac{m_0^2}{m_i^2}$，就称 P_i 是观测值 L_i 的权，可见 m_0^2 决定了权的数值大小。权是用来衡量观测值之间精度高低的相对指标，其意义不在于数值本身的大小，在于它们之间的比例关系，而各观测值权之间的比例关系为

$$P_1 : P_2 : \cdots : P_n = \frac{m_0^2}{m_1^2} : \frac{m_0^2}{m_2^2} : \cdots : \frac{m_0^2}{m_n^2} = \frac{1}{m_1^2} : \frac{1}{m_2^2} : \cdots : \frac{1}{m_n^2} \tag{2-3}$$

由此可见权的比例关系与 m_0^2 的选择无关，所以 m_0^2 的选择理论上是任意的，实践中可以根据便于计算的原则任意选择 m_0^2。权不是唯一的，随着 m_0^2 不同而异，但对同一批观测值只能选唯一的 m_0^2，从这个意义上讲权又是唯一的。如式（2-3）所示，权与中误差的平方成反比，其规律是精度越高、权越大，精度越低、权越小。

权是以中误差定义的，而观测值中误差在平差前得不到，实践中是根据观测条件估算观测值精度而确定权。在平差过程中，影响精度的主要因素是观测值质量和网形结构，权对平差结果影响相对次要，或者说平差成果对权在一定范围内的变化并不敏感。

2. 单位权中误差

尽管 m_0^2 是任选的，但一经选定就有其具体含义，是确定相对精度指标的标准。精度高于它的观测值，权大于 1，反之则小于 1，而精度与之相等的，则权必为 1，所以 m_0^2 又称为单位权中误差。平差中观测值可能是不同类型、不同精度的，平差任务中评定观测值及其函数的精度方法是首先求出单位权中误差，然后估算欲评定精度参数值的权 p_i，按公式（2-4）求中误差，所以单位权中误差在精度评定中的作用极其重要。

$$m_i = m_0 \sqrt{1/p_i} \qquad (2\text{-}4)$$

实际上 m_0 并不限定要选择已有观测值的中误差，不论实际上有无对应的观测值，中误差为 m_0 的观测值均称为单位权观测值，其在评定精度工作中的作用相同。

设一控制网有一组不等精度的观测值 $L_i(i=1，2，3，\cdots，n)$，其权分别为 p_i，平差消除不符值后，各观测值平差值为 $\widehat{L}_i = L_i + v_i$。式中 v_i 称为观测值改正数，实际上是观测值偶然误差 Δ 的估值。在多余观测数足够、控制网约束条件较多的情况下，观测值改正数的大小客观上也反映了观测值质量的优劣，所以测量平差中是以观测值改正数 v_i，按公式（2-5）来估算单位权中误差，式中 r 是控制网多余观测数。

$$m_0 = \sqrt{\frac{[pvv]}{r}} \qquad (2\text{-}5)$$

2.3　协方差（协因数）传播律

2.3.1　协方差定义及其意义

设观测值 X、Y 是两个随机变量，则它们之间的协方差定义为

$$\sigma_{xy} = E\{(X - E(X))(Y - E(Y))\} \qquad (2\text{-}6)$$

对于离散型随机变量

$$\sigma_{xy} = \lim_{n \to \infty} \sum_{i}^{n} \sum_{j}^{n} (X_i - E(X))(Y_j - E(Y))P_{ij} \qquad (2\text{-}7)$$

式中，P_{ij} 是（X_i, Y_j）出现的概率值。

对于连续型随机变量

$$\sigma_{xy} = \int_{-\infty}^{\infty} \int_{-\infty}^{\infty} (X_i - E(X))(Y_j - E(Y)) f(x,y) \mathrm{d}x \mathrm{d}y \qquad (2\text{-}8)$$

式中，$f(x,y)$ 是二维密度函数；$f(x,y)\mathrm{d}x\mathrm{d}y$ 是 (X_i, Y_j) 出现的概率值。

设 $X = \tilde{X} + \Delta_x$，$\tilde{X}$ 是观测值 X 的真值，Δ_x 是偶然误差，由于偶然误差期望值为 0，所以 $\Delta_x = E(X) - X$、$\Delta_y = E(Y) - Y$，$\sigma_{xy} = E(\Delta_x \Delta_y)$。即协方差 σ_{xy} 是 Δ_x、Δ_y 所有可能取值之乘积的理论平均值。

协方差 σ_{xy} 是描述随机量 X、Y 相关程度的量，$\sigma_{xy} = 0$ 表示观测值 X、Y 不相关，反之则为相关。对于服从正态分布的随机量而言，不相关与误差独立是等价的，所以协方差是衡量观测值是否误差独立的数字指标。协方差等于 0，X、Y 就是独立观测值，反之是非独立观测值。

2.3.2　协方差矩阵

设有观测值向量 $\underset{n\times1}{X}$，其数学期望为 $\underset{n\times1}{\mu}=E(X)$，方差为 $\underset{n\times1}{\sigma}=E(\Delta_x^2)$，即

$$\underset{n\times1}{X}=\begin{vmatrix}X_1\\X_2\\\vdots\\X_n\end{vmatrix}\qquad \underset{n\times1}{\mu}=E(\underset{n\times1}{X})=\begin{vmatrix}\mu_{x1}\\\mu_{x2}\\\vdots\\\mu_{xn}\end{vmatrix}\qquad \underset{n\times1}{\sigma}=E(\underset{n\times1}{\Delta_x^2})=\begin{vmatrix}\sigma_{x1}^2\\\sigma_{x2}^2\\\vdots\\\sigma_{xn}^2\end{vmatrix}$$

则观测值向量 $\underset{n\times1}{X}$ 的协方差矩阵为

$$\underset{n\times n}{D_{xx}}=E(\underset{n\times1}{\Delta_x}\,\underset{1\times n}{\Delta_x^T})=\begin{bmatrix}\sigma_{x1}^2 & \sigma_{x1x2} & \cdots & \sigma_{x1xn}\\ \sigma_{x1x2} & \sigma_{x2}^2 & \cdots & \sigma_{x2xn}\\ \vdots & \vdots & & \vdots\\ \sigma_{x1xn} & \sigma_{x2xn} & \cdots & \sigma_{xn}^2\end{bmatrix} \qquad （2\text{-}9）$$

D_{xx} 就是观测值向量 $\underset{n\times1}{X}$ 的方差-协方差矩阵，简称协方差阵，是描述观测向量 $\underset{n\times1}{X}$ 的精度指标。

又设有观测值 $\underset{n\times1}{X}$、$\underset{r\times1}{Y}$，它们的数学期望和协方差阵分别为 $\underset{n\times1}{\mu_x}$、$\underset{r\times1}{\mu_y}$ 和 $\underset{n\times n}{D_{xx}}$、$\underset{r\times r}{D_{yy}}$。若记：

$$\underset{(n+r)\times1}{Z}=\begin{vmatrix}X\\Y\end{vmatrix}$$

则

$$D_{zz}=\begin{bmatrix}D_{xx} & D_{xy}\\ D_{yx} & D_{yy}\end{bmatrix}$$

其中

$$D_{xy}=\begin{bmatrix}\sigma_{x1y1} & \sigma_{x1y2} & \cdots & \sigma_{x1yr}\\ \sigma_{x2y1} & \sigma x_{x2y2} & \cdots & \sigma_{x2yr}\\ \vdots & \vdots & & \vdots\\ \sigma_{xny1} & \sigma_{xny2} & \cdots & \sigma_{xnyr}\end{bmatrix}$$

式中 D_{xx}、D_{yy}、D_{zz} 都是方阵，其中的元素既有每个元素的方差，又有两两元素之间的协方差，而 $D_{yx}=D_{xy}^T$ 中只含 X、Y 向量元素两两之间的协方差。当 $D_{xy}=0$ 时，则称向量 $\underset{n\times1}{X}$、$\underset{r\times1}{Y}$ 是相互误差独立的观测向量。特别的，当 $n=r=1$ 时，$D_{xx}=\sigma_x$，$D_{yy}=\sigma_y$，$D_{xy}=\sigma_{xy}$。

2.3.3　协方差传播律

设有观测值 $\underset{n\times1}{X}$、其数学期望为 $\underset{n\times1}{\mu}$、协方差阵为 D_{xx}，又设有 $\underset{n\times1}{X}$ 的线性函数矩阵式为

$$\underset{1\times n}{Z}=\underset{1\times n}{K}\underset{n\times1}{X}+\underset{1\times1}{K^0}$$

式中 $\underset{1 \times n}{K} = (k_1, k_2, \cdots, k_n)$ ，纯量形式为

$$z = k_1 x_1 + k_2 x_2 + \cdots + k_n x_n + k^0 \tag{2-10}$$

求 Z 的期望值得

$$E(Z) = E(KX + K^0) = KE(X) + K^0 = K\mu_x + K^0$$

求 Z 的方差值得

$$\begin{aligned} D_{zz} = \sigma_z^2 &= E[(Z - E(Z))(Z - E(Z))^{\mathrm{T}}] = E[(KX - K\mu_x)(KX - K\mu_x)^{\mathrm{T}}] \\ &= E[K(X - \mu_x)(X - \mu_x)^{\mathrm{T}} K^{\mathrm{T}}] = KE[(X - \mu_x)(X - \mu_x)^{\mathrm{T}}] K^{\mathrm{T}} = KD_{xx} K^{\mathrm{T}} \end{aligned} \tag{2-11}$$

公式（2-11）就是已知观测向量 $\underset{n \times 1}{X}$ 的方差阵 D_{xx}，求其线性函数 Z 方差 σ_z^2 的公式，称协方差传播律。纯量形式为

$$\sigma_z^2 = k_1^2 \sigma_1^2 + \cdots + k_n^2 \sigma_n^2 + 2k_1 k_2 \sigma_{12} + 2k_1 k_3 \sigma_{13} + \cdots + 2k_1 k_n \sigma_{1n} + \cdots + 2k_{n-1} k_n \sigma_{n-1,n} \tag{2-12}$$

特别的，当 $\underset{n \times 1}{X}$ 中元素两两之间相互误差独立时，$\sigma_{ij} = 0 \ (i \neq j)$，则纯量形式取得特殊形式（2-13），称为误差传播定律，这是观测向量 $\underset{n \times 1}{X}$ 中元素两两误差独立时，协方差传播律的一种特例。

$$\sigma_z^2 = k_1^2 \sigma_1^2 + \cdots + k_n^2 \sigma_n^2 \tag{2-13}$$

对于观测向量 $\underset{n \times 1}{X}$ 的非线性函数，应用协方差传播律前，需要对其进行线性化。

2.3.4 协因素及协因素传播律

1. 协因数与协因数阵

在测量平差中令 $Q_{ii} = \dfrac{1}{P_i} = \dfrac{\sigma_i^2}{\sigma_0^2}$，$Q_{jj} = \dfrac{1}{P_j} = \dfrac{\sigma_j^2}{\sigma_0^2}$，$Q_{ij} = \dfrac{\sigma_{ij}}{\sigma_0^2}$，则 Q_{ii}、Q_{jj} 称为观测值 L_i、L_j 的协因数或权导数，Q_{ij} 称为观测值 L_i 关于 L_j 的协因数或相关权倒数。

不难理解，Q_{ii}、Q_{jj} 可作为比较观测值相对精度高低的一种指标，Q_{ij} 可作为比较观测值之间相关程度的一种指标。由于协因数与权互为倒数，因而较小的协因数代表着较高的精度。

设有观测值向量 $\underset{n \times 1}{X}$、$\underset{r \times 1}{Y}$，它们的方差阵分别是 $\underset{n \times n}{D_{xx}}$、$\underset{r \times r}{D_{yy}}$，$X$ 关于 Y 的互协方差阵为 $\underset{n \times r}{D_{xy}}$。令

$$\underset{n \times n}{Q_{xx}} = \frac{1}{\sigma_0^2} \underset{n \times n}{D_{xx}}，\quad \underset{r \times r}{Q_{yy}} = \frac{1}{\sigma_0^2} \underset{r \times r}{D_{yy}}，\quad \underset{n \times r}{Q_{xy}} = \frac{1}{\sigma_0^2} \underset{n \times r}{D_{n \times r}}$$

则称 $\underset{n \times n}{Q_{xx}}$、$\underset{r \times r}{Q_{yy}}$ 分别是 X 和 Y 的协因数阵，$\underset{n \times r}{Q_{xy}}$ 是 X 关于 Y 的互协因数阵。

由于协因数阵中主对角线元素即是 $\underset{n\times1}{X}$、$\underset{r\times1}{Y}$ 中各个元素的权倒数，非对角阵元素是各元素两两之间的相关权倒数。所以也称协因数矩阵 $\underset{n\times n}{Q_{xx}}$、$\underset{r\times r}{Q_{yy}}$ 是 X 和 Y 的权逆阵，$\underset{n\times r}{Q_{xy}}$ 是 X 关于 Y 的相关权逆阵。同样的，$Q_{xy}=Q_{yx}^{T}$ 是衡量 X 和 Y 之间相关程度的数字指标，$\underset{n\times r}{Q_{xy}}=0$，则称向量 X 关于向量 Y 误差独立（不相关）。若记 $Z=\begin{bmatrix}X\\Y\end{bmatrix}$，则

$$D_{zz}=\begin{bmatrix}D_{xx}&D_{xy}\\D_{yx}&D_{yy}\end{bmatrix},\quad Q_{zz}=\begin{bmatrix}Q_{xx}&Q_{xy}\\Q_{yx}&Q_{yy}\end{bmatrix}$$

根据定义知，两者的关系为 $Q_{zz}=\dfrac{1}{\sigma_0^2}D_{zz}$。

假如 X 中元素两两相互独立，相关权倒数全部为 0，D_{xx} 就是一对角矩阵，Q_{xx} 自然也是一对角矩阵。由于 Q_{xx} 对角线上各元素是 X 中相应元素 x_i 的权倒数，所以 Q_{xx} 的逆阵对角线上的元素分别就是 X 中元素 x_i 的权。因此测量平差中将 $P_{xx}=Q_{xx}^{-1}$ 称为 X 的权阵。

当 X 中元素不独立时，D_{xx}、Q_{xx} 不会是对角矩阵，虽然 Q_{xx} 主对角线元素仍为 X 元素的权倒数，但其逆阵 $P_{xx}=Q_{xx}^{-1}$ 中对角线上元素不再是 X 中元素的权。由于 P_{xx} 在处理相关观测值的平差问题时，仍能起到独立观测值权阵同样的作用，所以平差中虽仍整体定义 P_{xx} 为 X 的权阵，但其中具体元素则没有定义，这是不同于协方差阵 D_{xx} 或协因数阵 Q_{xx} 的。

2. 协因数传播律

由观测向量的协因数阵求其函数协因数阵的公式，称为协因数传播律。由于协因数阵乘以单位权方差 σ_0^2 就是协方差阵，两者是一个简单的比例关系，所以对于协方差传播律公式 $D_{yy}=FD_{xx}F^{T}$，将 $D_{xx}=\sigma_0^2Q_{xx}$、$D_{yy}=\sigma_0^2Q_{yy}$ 代入就得到协因数传播律：

$$Q_{yy}=FQ_{xx}F^{T} \tag{2-14}$$

可见协因数传播律与协方差传播律矩阵形式完全一样，所以测量平差中把协方差传播律与协因数传播律并称为广义传播律。

当观测值相互独立时，Q_{xx} 是一对角阵，其元素分别是各观测值的权倒数。设有一观测值的函数 $Z=f(x_1,\ x_2,\cdots,x_n)$，各观测值相互误差独立，对其求全微分得

$$dZ=\left(\frac{\partial f}{\partial X_1}\right)_0dx_1+\left(\frac{\partial f}{\partial X_2}\right)_0dx_2+\cdots+\left(\frac{\partial f}{\partial X_n}\right)_0dx_n=\underset{1\times n}{K}\,\underset{n\times1}{dx} \tag{2-15}$$

式（2-15）在测量平差中称为权函数式，因为式中系数 $\underset{1\times n}{K}$ 与函数 $Z=f(x_1,\ x_2,\cdots,x_n)$ 按泰勒级数展开后一次项系数相同，对其应用协因数传播律就得到

$$Q_{zz}=KQ_{xx}K^{T}=\frac{1}{P_Z}=k_1^2\frac{1}{p_1}+k_2^2\frac{1}{p_2}+\cdots+k_n^2\frac{1}{p_n} \tag{2-16}$$

上式就是独立观测值协因数阵与其函数协因数之间的关系式，显然它描述了独立观测值权倒数与其函数权倒数之间的关系。所以当观测值向量中元素两两相互独立时，协因数传播律同样取得了其特殊形式，称为权倒数传播律。

2.4　测量平差的数学模型

2.4.1　测量平差的几个基本概念

1. 几何模型

测量中为推算待定点坐标、高程而建立的由角度、边长、高差、坐标差（GPS 坐标向量）等几何元素连接成的几何图形。这些几何图形通常是网状结构，测量上根据用途和网型结构的不同，称为水准网、导线网、三角网等。

2. 必要观测值

必要观测值是确定一个几何模型所必需观测的几何元素。必要观测值的个数在平差中习惯用 t 来表示，称为必要观测数。对于一个确定的几何模型，必要观测数 t 是确定的，数值上等于待定参数的个数。必要观测值不唯一，例如三角形前方交会确定一个待定点坐标，必要观测数为 2，通过测定两个角、一边一角或两边，都可唯一确定这个几何模型。需要指出的是，必要观测值之间必须函数独立，否则必要观测数实际值将少于 t。

3. 多余观测数

设对一个几何模型观测了 n 个几何元素，该模型的必要观测数为 t，则 $n < t$ 时，几何模型不能确定，即某些几何元素不能求出。$n = t$ 时，虽几何模型可唯一确定，但没有检核条件，即使观测出现错误也不能发现，因而可靠性为零。为了避免出现错误，测量工作一般要求观测数必需大于 t，此时称 $r = n - t$ 为多余观测数，又称自由度。

4. 条件方程

一个几何模型若有多余观测值，则观测值的正确值和几何模型中的已知值之间，必然产生理论上应该满足的函数关系，这样的约束关系式在测量平差中就称为条件方程。条件方程有两种形式：

① 直接表示观测值平差值应满足的条件，其一般形式为 $f(\hat{L}_{n\times1}) = 0$，其中 $\hat{L}_{n\times1}$ 表示观测值向量的平差值。

② 设定一组数目为 t 的函数独立参数 $x_{t\times1}$，将所有观测值平差值表示为 $x_{t\times1}$ 的函数，其一般形式为 $\hat{L}_i = f_i(\hat{x})$。由于这种形式是间接的表述观测值平差值应该满足的条件，测量平差中称为误差方程。

5. 闭合差

以观测值代入条件方程，由于存在观测误差，条件式将不能满足。测量平差中将观测值代入后所得不符值称为闭合差。

2.4.2　测量平差的数学模型

测量平差数学模型描述的是测量控制网观测值、已知值的几何关系和内在联系。几何关系描述的是观测量、待定量、已知量之间的数学关系，测量平差称为函数模型。内在联系则是描述观测量及其相互间的统计性质，测量平差称为随机模型。函数模型和随机模型合称为测量平差的数学模型，处理一个平差问题，首先必须确定数学模型。

随机模型取决于观测方法和观测条件，观测工作一旦完成，则理论上就唯一确定。实际上测量平差中所谓的随机模型，就是观测值向量的权阵。与随机模型不同，函数模型不是唯一的，同一个平差问题可采用不同的函数模型，因而有不同的平差方法。但是平差结果是唯一的，平差结果不会因为平差方法不同而不同，这是因为采用的平差准则和约束条件相同。

1. 条件平差法

直接建立观测值平差值（消除了不符值后的观测值）应该满足的方程式，作为平差函数模型的平差方法，称条件平差法。观测值的平差值应满足的函数关系式 $f(\hat{L}_{n\times 1}) = 0$，对于常规平面控制网是非线性的，为此需要进行线性化。

对于一个确定的平差问题，条件方程的数目等于多余观测数 r。虽然条件方程的数目是确定的，但是方程的列法却不唯一，而只要符合方程足数且线性无关的条件，则平差结果是唯一的。所谓线性无关，是指任何一个条件方程，不能由其余条件方程表达出来。

设线性化的观测值平差值应满足的函数矩阵式为 $A\hat{L} + A_0 = 0$，代入 $\hat{L} = L + V$，并令 $W = AL + A_0$，则条件平差函数模型的最后形式为

$$AV + W = 0 \qquad\qquad (2\text{-}17)$$

式中，$W = AL + A_0$ 是条件方程常数项，实际上是观测值不满足条件方程产生的闭合差。

2. 间接平差法

对一个确定的几何模型，必要观测数 t 是一定的。如果选定 t 个函数独立的几何元素（参数），那么该几何模型就由这 t 个参数唯一确定。换言之，该几何模型的所有观测值平差值都可表示为这 t 个参数的函数。

选择 t 个函数独立的参数，将每个观测值平差值都表示成所选参数的函数 $\hat{L}_i = f_i(\hat{x})$。设观测值数为 n，就可以列出 n 个函数式。以这 n 个函数式作为平差的函数模型，相应的平差方法就称为间接平差法，又称参数平差法。

条件方程 $f(\hat{L}_{n\times 1}) = 0$ 是直接表达观测值平差值应满足条件的函数式，间接平差时观测值平差值同样应满足这些关系式，只不过是隐含在由 t 个参数表达的参数方程中，所以间接平差

函数模型实际上是参数形式的条件方程。同样地，对于常规平面控制网，参数形式的条件方程也是非线性的，平差时需要线性化。

设线性化参数条件方程矩阵形式为 $\hat{L} = Bx + d$，代入 $\hat{L} = L + V$，并令：$l = d - L$，则间接函数模型的最后形式为式（2-18）所示，称为误差方程。

$$V = Bx - l \tag{2-18}$$

3. 适合程序设计的平差方法

条件平差法和间接平差法是测量平差的基本方法，两者各有其特点。对于同一个平差问题而言，两种方法观测值相同、约束条件相同、随机模型相同、采用的估算准则也相同，差异仅仅在于函数模型不同，所以解算结果自然相同。

1）条件平差法优缺点

（1）优点。

直接表达观测值平差值应满足的条件，方法直观而容易理解。法方程阶数等于多余观测数 r，在待定点较多的条件下，阶数一般较间接平差法低。

（2）缺点。

① 条件方程建立与控制网网型相关，对于非自由网，列条件方程方法复杂而缺乏规律。

② 条件平差的法方程未知数是联系数，因而法方程系数阵的逆阵是联系数的协因数阵。联系数是条件平差为建立数学模型所引入的辅助参数，其数值本身没有什么意义，因而在平差中被称为多余参数。平面控制网平差成果主要是待定点坐标、坐标方位角等，因而需要作精度评定的也是这些数值。评定精度时首先要将评定数值表示为观测值平差值的函数，这些函数形式与控制网网型有关，并且对每一评定值均不相同，因而列权函数式很复杂。另外即使列出了权函数式，求观测值平差值协因数阵，还需通过复杂计算，所以精度评定非常困难。

2）间接平差的优缺点

（1）优点。

① 误差方程建立只和测站点、照准点坐标有关，和控制网网型及观测值在控制网中的位置无关，因而误差方程简单、规范。

② 法方程系数阵的逆阵就是未知参数的协因数阵，可从中直接调取未知参数权倒数和相关权倒数。

③ 边长、坐标方位角是端点坐标平差值的函数，权函数式系数与误差方程系数相同，由于未知数协因数阵已知，因而应用协因数传播律求权倒数简单方便。

（2）缺点。

待定点较多时，法方程阶数较高。

3）适合程序设计的平差方法

条件平差法由于存在条件方程和权函数式形式多样而不规范的缺点，设计平差通用程序很难实现。而间接平差法误差方程和权函数式的形式规范、与网型无关、规律性强的特点更适合计算机程序设计，因此目前通用平差程序设计均是采用间接平差模型。

2.5 参数估计与最小二乘准则

2.5.1 最优估值的概念

平差的函数模型，无论是条件方程还是误差方程，均是未知数多于方程数目，因而方程没有唯一解，平差即是在无穷组解中确定一组最优解。平差函数模型的多解性本身是不能改变的，只能在附加一定条件的情况下得到一组特解，这类问题在数理统计中称参数估计问题。采用不同的估值方法会有不同的解，满足以下三个标准的估值称为最优估值。三个标准分别是：

1. 无偏性

设 $\hat{\theta}$ 为参数 θ 的估计量，若有 $E(\hat{\theta})=\theta$ ，则称 $\hat{\theta}$ 是 θ 的无偏估计量。换言之，尽管误差使 $\hat{\theta}$ 不等于 θ ，但 $\hat{\theta}$ 是以 θ 为对称中心或大或小地摆动的。

2. 一致性

满足概率表达式 $\lim\limits_{n\to\infty} P(\theta-\varepsilon < \hat{\theta} < \theta+\varepsilon)=1$ 的估计量 $\hat{\theta}$ 为参数 θ 的一致估计量，其中 n 是子样容量，ε 是任意小量。换言之，随着观测量（子样容量）无限增大，估值 $\hat{\theta}$ 趋于真值 θ 是一必然事件。

3. 有效性

具有无偏性的估计量不唯一，设 θ 有两个无偏估计量 $\hat{\theta_1}$ 、$\hat{\theta_2}$ ，具有 $D(\hat{\theta_1}) < D(\hat{\theta_2})$,则称 $\hat{\theta_1}$ 较 $\hat{\theta_2}$ 有效。若 $\hat{\theta_1}$ 具有 $D(\hat{\theta_1})=\min$ ，就称 $\hat{\theta_1}$ 是 θ 的最有效估计量，或称最优估计量。

2.5.2 最小二乘准则

设已知观测值向量 $\underset{n\times 1}{L}$ ，其平差值为 $\underset{n\times 1}{\hat{L}}=\underset{n\times 1}{L}+\underset{n\times 1}{V}$ ，$\underset{n\times 1}{V}$ 是为消除不符值而对观测值加的改正数。最小二乘测量平差，就是在附加 $V^{\mathrm{T}}PV=\min$ 的条件下，求解条件方程（误差方程）。式中 P 是观测值权阵，如果 $\underset{n\times 1}{L}$ 中各观测值误差相互独立，则权阵 P 中除主对角线元素外全部为 0（称对角阵），最小二乘准则又可以表示为 $\sum\limits_{i=1}^{n} pvv = \min$ 。

平差采用最小二乘准则的思想是：在为消除不符值而对观测值加以改正数的时候，处在同等几何条件下的观测值，精度高的观测值应加以较小的改正数，精度低的观测值则加以较大的改正数。这里同等几何条件是指与不符值关联性质相同，例如一个三角形内角和存在闭合差，则三个三角形内角属于同等几何条件，其他观测角与这个不符值无关。当然实际上对三角形内角的约束条件不仅仅限于三角形内角闭合差，还有其他约束条件，最小二乘准则是基于全部约束条件下的极值条件。

运用最小二乘准则所求的估计值叫最小二乘估值，求最小二乘估计不需要知道随机向量的分布函数，计算方法简单而有唯一解，是测量数据处理普遍采用的准则。可以证明，最小二乘估计具有最优估值的统计特性，并且在随机向量服从正态分布时，可由极大似然估计导出。

2.6　间接平差法

2.6.1　间接平差原理

1. 间接平差原理

选定 t 个函数独立的未知参数，将所有观测值的平差值均表示为未知参数的函数，并线性化得到误差方程。误差方程是没有唯一解的，因而需要引入最小二乘准则，组成具有唯一解的对称线性方程组（法方程）。

解算法方程可以求出未知参数平差值，进而求得各观测量的平差值。

设平差问题观测值向量为 $\underset{n\times1}{L}$，选定函数独立的未知参数向量为 $\underset{t\times1}{X}$，设线性观测值方程矩阵形式为

$$\underset{n\times1}{L} + \underset{n\times1}{V} = \underset{n\times t}{B}\underset{t\times1}{X} + \underset{n\times1}{d} \tag{2-19}$$

令 $\underset{t\times1}{X} = \underset{t\times1}{X^0} + \underset{t\times1}{\delta x}$ 和 $\underset{n\times1}{l} = L - (\underset{n\times t}{B}\underset{t\times1}{X^0} + \underset{n\times1}{d})$，其中 X^0 是待定参数近似值，d 是观测方程常数项，X^0 和 d 均是非随机量。得到线性化误差方程组的矩阵形式：

$$\underset{n\times1}{V} = \underset{n\times t}{B}\underset{t\times1}{x} + \underset{n\times1}{l} \tag{2-20}$$

其纯量形式为
$$\left.\begin{array}{l} v_1 = a_1x_1 + b_1x_2 + \cdots + t_1x_t + l_1 \\ v_2 = a_2x_1 + b_2x_2 + \cdots + t_2x_t + l_2 \\ \cdots \\ v_n = a_nx_1 + b_nx_2 + \cdots + t_nx_t + l_n \end{array}\right\} \tag{2-21}$$

式（2-21）中线性方程组方程个数为 n，而未知数个数为 $n+t$，所以误差方程没有唯一解，只能求满足最小二乘准则的特解，即满足极值条件 $V^{\mathrm{T}}PV = \min$ 的一组特殊解。

根据求自由极值的原理及列矩阵对列矩阵的微分规则可导出：

$$\frac{\partial V^{\mathrm{T}} P V}{\partial x} = 2V^{\mathrm{T}} P \frac{\partial V}{\partial x} = 2V^{\mathrm{T}} P \frac{\partial (BX+l)}{\partial x} = 2V^{\mathrm{T}} P B \frac{\partial x}{\partial x} = 2V^{\mathrm{T}} PB = 0$$

对其进行转置得

$$\underset{t\times n}{B^{\mathrm{T}}} \underset{n\times n}{P} \underset{n\times 1}{V} = 0 \tag{2-22}$$

这样通过引用最小二乘准则得出了 t 个线性方程 $B^{\mathrm{T}} PV = 0$，将其与误差方程组式（2-20）联立，得到间接平差的基础方程组：

$$\left. \begin{array}{l} \underset{n\times 1}{V} = \underset{n\times t}{B} \underset{t\times 1}{x} + \underset{n\times 1}{l} \\ \underset{t\times n}{B^{\mathrm{T}}} \underset{n\times n}{P} \underset{n\times 1}{V} = 0 \end{array} \right\} \tag{2-23}$$

将前式代入后式，并令 $\underset{t\times t}{N} = \underset{t\times n}{B^{\mathrm{T}}} \underset{n\times n}{P} \underset{n\times t}{B}$，$\underset{t\times 1}{U} = \underset{t\times n}{B^{\mathrm{T}}} \underset{n\times n}{P} \underset{n\times 1}{l}$，就得到具有唯一解的线性方程组，测量平差中称为法方程，其矩阵形式为

$$Nx + U = 0 \tag{2-24}$$

其纯量形式为

$$\left. \begin{array}{l} [paa]x_1 + [pab]x_2 + \cdots + [pat]x_t + [pal] = 0 \\ [pab]x_1 + [pbb]x_2 + \cdots + [pbt]x_t + [pbl] = 0 \\ \quad \cdots \\ [pat]x_1 + [pbt]x_2 + \cdots + [ptt]x_t + [ptl] = 0 \end{array} \right\} \tag{2-25}$$

法方程组系数阵是一对称矩阵，其系数 $[paa] = \sum_{i=1}^{t} p_i a_i a_i$，$[pab] = \sum_{i=1}^{t} p_i a_i b_i$，$\cdots$，$[ptt] = \sum_{i=1}^{t} p_i t_i t_i$，常数 $[pal] = \sum_{i=1}^{t} p_i a_i l_i$，$[pbl] = \sum_{i=1}^{t} p_i b_i l_i$，$\cdots$，$[ptl] = \sum_{i=1}^{t} p_i t_i l_i$。

2. 间接平差法平差计算步骤

（1）确定必要观测数，并选定 t 个函数独立参数。

（2）将每个观测值的平差值写成（所选）未知参数的函数，如果是非线性的进行线性化，组成误差方程组 $V = BX + l$。

（3）根据误差方程系数阵 B、常数阵 l、观测值权阵 P，组成法方程组 $B^{\mathrm{T}} PBX + B^{\mathrm{T}} Pl = 0$。

（4）从法方程中解出未知数向量 X。

（5）将 X 代入误差方程组 $V = BX + l$。求得改正数向量 V，进而求得观测值平差值向量 $\hat{L} = L + V$。

2.6.2 误差方程建立

1. 确定未知数的个数

对于一个确定的平差问题，能并且只能设置 t 个函数独立的未知参数，所以确定未知数

个数实际上就是确定必要观测数。根据确定一个未知数，需要一个独立观测值的原则，高程控制网必要观测数等于待定点个数；平面控制网在有足够起算数据的情况下，必要观测数为待定点数的 2 倍。作为特殊情况，平面控制网中有单独的起算边或起算坐标方位角（至少有一个端点是待定点的情况），则必要观测数还应减去单独起算边或起算坐标方位角数目。

2. 未知参数的选择

为了确保每一个观测值平差值都能表示为待定参数的函数（观测值方程），待定参数必须足数并且函数独立。另外运用最小二乘准则求特解时，采用的是求自由极值原理，这也要求各待定参数间函数独立，即任意一个待定参数不可表示为其余参数的函数。

理论上参数选择在足数、函数独立的原则下是任意的，既可以选观测值平差值，也可以选观测值平差值的函数值。由于控制测量的目的就是确定待定点坐标或高程，因而在实际应用中，总是选择待定点坐标和高程值为未知参数。这样不仅可以直接获得平差最终值，也极大地方便了精度评定，同时未知参数一定是函数独立的。

3. 误差方程建立

设观测值平差值为待点参数的线性函数，其函数一般形式为

$$\hat{L}_i = a_i x_1 + b_i x_2 + \cdots + t_i x_t + d_i \tag{2-26}$$

代入 $\hat{L}_i = L_i + v_i$，并令 $l_i = d_i - L_i$，即得到误差方程为

$$v_i = a_i x_1 + b_i x_2 + \cdots + t_i x_t + l_i \tag{2-27}$$

4. 观测值方程的线性化

平面控制网观测值方程一般是非线性的，要建立线性化误差方程，必须将其线性化。线性化的方法是将其按泰勒级数展开，因此必须首先求得计算待定参数的近似值，在近似值处将观测值方程展开为泰勒级数取至一次项。

设有非线性观测值方程：

$$L_i + v_i = f_i(x_1, x_2, \cdots, x_t) \tag{2-28}$$

将待定参数表示为近似值加改正数 $x_j = x_j^0 + \delta x$，代入公式（2-28）并按泰勒级数展开取至一次项得到：

$$L_i + v_i = f_i(x_1^0, x_2^0, \cdots, x_t^0) + \left(\frac{\partial f_i}{\partial x_1}\right)_0 \delta x_1 + \left(\frac{\partial f_i}{\partial x_2}\right)_0 \delta x_2 + \cdots + \left(\frac{\partial f_i}{\partial x_t}\right)_0 \delta x_t \tag{2-29}$$

当近似值 x_j^0 给定后，各未知数近似值改正数 δx_j 前的系数可由近似值 x_j^0 代入 $\left(\frac{\partial f_i}{\partial x_j}\right)_0$ 求得。

若令 $a_i = \left(\frac{\partial f_i}{\partial x_1}\right)_0$，$b_i = \left(\frac{\partial f_i}{\partial x_2}\right)_0$，$\cdots$，$t_i = \left(\frac{\partial f_i}{\partial x_t}\right)_0$，$l_i = f_i(x_1^0, x_2^0, \cdots x_t^0) - L_i$，即得到公式（2-27）表示的线性误差方程形式。

线性化是假定 δx_j 的二次及二次以上项是小量而忽略不计，因此确定未知数近似值 x_j^0 的

基本要求是 δx_j 足够小，即 x_j^0 足够接近 x_j。若满足这一要求，则虽然未知数近似值会因推算路线不同而异，但平差结果是相同的。当不能满足这一条件时，会引起计算误差，必要时可选择迭代进行（将第一次平差后的平差值作为近似值，线性化列误差方程，再次平差）。

2.6.3　平面控制网典型观测值误差方程

1. 角度观测值的误差方程

如图 2.2 所示，j, k 是两待定点，近似坐标为 $x_j^0 y_j^0$，$x_k^0 y_k^0$，根据近似坐标求得近似边长为 s_{jk}^0，近似坐标方位角为 α_{jk}^0。设近似坐标改正数为 δx_j，δy_j，δx_k，δy_k。近似坐标方位角改正数 $\delta \alpha_{jk}$。根据坐标方位角与端点坐标关系式得

$$\alpha_{jk} = \arctan\left(\frac{y_k - y_j}{x_k - x_j}\right) = \arctan\frac{(y_k^0 + \delta y_k) - (y_j^0 + \delta y_j)}{(x_k^0 + \delta x_k) - (x_j^0 + \delta x_j)} \tag{2-30}$$

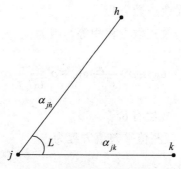

图 2.2　观测角与坐标方位角

将式（2-30）按泰勒级数展开，取至一次项得

$$\alpha_{jk} = \arctan\left(\frac{y_k^0 - y_j^0}{x_k^0 - x_j^0}\right) + \left(\frac{\partial \alpha_{jk}}{\partial x_j}\right)_0 \delta x_j + \left(\frac{\partial \alpha_{jk}}{\partial y_j}\right)_0 \delta y_j + \left(\frac{\partial \alpha_{jk}}{\partial x_k}\right)_0 \delta x_k + \left(\frac{\partial \alpha_{jk}}{\partial y_k}\right)_0 \delta y_k$$

令 $\alpha_{jk}^0 = \arctan\left(\dfrac{y_k^0 - y_j^0}{x_k^0 - x_j^0}\right)$，则

$$\delta \alpha_{jk} = \left(\frac{\partial \alpha_{jk}}{\partial x_j}\right)_0 \delta x_j + \left(\frac{\partial \alpha_{jk}}{\partial y_j}\right)_0 \delta y_j + \left(\frac{\partial \alpha_{jk}}{\partial x_k}\right)_0 \delta x_k + \left(\frac{\partial \alpha_{jk}}{\partial y_k}\right)_0 \delta y_k$$

$$\left(\frac{\partial \alpha_{jk}}{\partial x_j}\right)_0 = \left[\frac{\partial \arctan\left(\dfrac{y_k - y_j}{x_k - x_j}\right)}{\partial x_j}\right]_0 = \frac{\dfrac{y_k^0 - y_j^0}{(x_k^0 - x_j^0)^2}}{1 + \left(\dfrac{y_k^0 - y_j^0}{x_k^0 - x_j^0}\right)^2}$$

$$= \frac{y_k^0 - y_j^0}{(x_k^0 - x_j^0)^2 + (y_k^0 - y_j^0)^2} = \frac{\Delta y_{jk}^0}{(s_{jk}^0)^2}$$

同理 $\qquad \left(\dfrac{\partial \alpha_{jk}}{\partial y_j} \right)_0 = -\dfrac{\Delta x_{jk}^0}{(s_{jk}^0)^2}, \quad \left(\dfrac{\partial \alpha_{jk}}{\partial x_k} \right)_0 = -\dfrac{\Delta y_{jk}^0}{(s_{jk}^0)^2}, \quad \left(\dfrac{\partial \alpha_{jk}}{\partial y_k} \right)_0 = \dfrac{\Delta x_{jk}^0}{(s_{jk}^0)^2}$

由于 $\delta\alpha_{jk}$ 的单位为秒，故

$$\delta\alpha_{jk}'' = \rho'' \frac{\Delta y_{jk}^0}{(s_{jk}^0)^2} \delta x_j - \rho'' \frac{\Delta x_{jk}^0}{(s_{jk}^0)^2} \delta y_j - \rho'' \frac{\Delta y_{jk}^0}{(s_{jk}^0)^2} \delta x_k + \rho'' \frac{\Delta x_{jk}^0}{(s_{jk}^0)^2} \delta y_k \tag{2-31}$$

也可表示为

$$\delta\alpha_{jk}'' = \frac{\rho'' \sin\alpha_{jk}^0}{s_{jk}^0} \delta x_j - \frac{\rho'' \cos\alpha_{jk}^0}{s_{jk}^0} \delta y_j - \frac{\rho'' \sin\alpha_{jk}^0}{s_{jk}^0} \delta x_k + \frac{\rho'' \cos\alpha_{jk}^0}{s_{jk}^0} \delta y_k \tag{2-32}$$

式（2-31）和式（2-32）即坐标改正数与坐标方位角改正数间的一般关系式，称坐标方位角改正数方程。坐标方位角改正数方程具有以下特点：

（1）当两个端点之一为已知点时，对应点的坐标改正数为零，而两个端点都是已知点时，两点间坐标方位角是已知值而无改正数方程。

（2）同一边正反坐标方位角改正数方程相等，因为：

$$\delta\alpha_{jk}'' = \rho'' \frac{\Delta y_{jk}^0}{(s_{jk}^0)^2} \delta x_j - \rho'' \frac{\Delta x_{jk}^0}{(s_{jk}^0)^2} \delta y_j - \rho'' \frac{\Delta y_{jk}^0}{(s_{jk}^0)^2} \delta x_k + \rho'' \frac{\Delta x_{jk}^0}{(s_{jk}^0)^2} \delta y_k$$

由于 $\Delta x_{jk}^0 = -\Delta x_{kj}^0$ 和 $\Delta y_{jk}^0 = -\Delta y_{kj}^0$，显然有 $\delta\alpha_{kj}'' = \delta\alpha_{jk}''$。

对图 2.2 中角度观测值 L，观测值平差值方程为

$$L + v = \alpha_{jk} - \alpha_{jh}$$

由于 $\alpha_{jk} = \alpha_{jk}^0 + \delta\alpha_{jk}$，$\alpha_{jh} = \alpha_{jh}^0 + \delta\alpha_{jh}$ 就得到角度观测值误差方程：

$$\left. \begin{array}{l} v = \delta\alpha_{jk} - \delta\alpha_{jh} + l \\ l = \alpha_{jk}^0 - \alpha_{jh}^0 - L \end{array} \right\} \tag{2-33}$$

将坐标方位角改正数方程（2-32）代入式（2-33），即得线性化后的角度观测值误差方程：

$$v = \rho'' \left[\frac{\Delta y_{jk}^0}{(s_{jk}^0)^2} - \frac{\Delta y_{jh}^0}{(s_{jh}^0)^2} \right] \delta x_j - \rho'' \left[\frac{\Delta x_{jk}^0}{(s_{jk}^0)^2} - \frac{\Delta x_{jh}^0}{(s_{jh}^0)^2} \right] \delta y_j - \rho'' \frac{\Delta y_{jk}^0}{(s_{jk}^0)^2} \delta x_k +$$

$$\rho'' \frac{\Delta x_{jk}^0}{(s_{jk}^0)^2} \delta y_k + \rho'' \frac{\Delta y_{jh}^0}{(s_{jh}^0)^2} \delta x_h - \rho'' \frac{\Delta x_{jh}^0}{(s_{jh}^0)^2} \delta y_h + l \tag{2-34}$$

综上所述，角度观测值列误差方程的步骤可归纳为：

（1）计算各待定点近似坐标。

（2）按近似坐标计算近似坐标方位角和近似边长。

（3）列坐标方位角改正数方程，计算系数值。

（4）列角度观测值误差方程，求角度误差方程系数和常数项。

2. 方向观测值的误差方程

（1）原始方向观测值误差方程。

测量平差程序设计时，通常不是以角度为观测值，而是以方向值作为观测值。其原因有两点：

① 角度观测值并非误差独立，平差时近似作为独立观测值处理，理论上不够严密。

② 以方向值为观测值，程序设计处理起来更加方便。

如图 2.3 所示，测站点 i 观测 j、k、h 三个点，方向值分别是 L_{ij}，L_{ik}，L_{ih}，设 i 测站零方向坐标方位角为 Z_i（定向角未知数），则观测值方程为

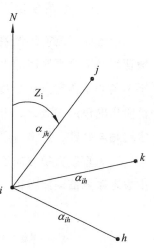

图 2.3 方向观测值与坐标方位角

$$\left.\begin{array}{l} \hat{L}_{ij} = \alpha_{ij} - Z_i \\ \hat{L}_{ik} = \alpha_{ik} - Z_i \\ \hat{L}_{ih} = \alpha_{ih} - Z_i \end{array}\right\} \qquad (2\text{-}35)$$

代入：

$$\alpha_{ij} = \alpha_{ij}^0 + \delta\alpha_{ij}, \quad \alpha_{ik} = \alpha_{ik}^0 + \delta\alpha_{ik}, \quad \alpha_{ih} = \alpha_{ih}^0 + \delta\alpha_{ih}$$

$$\delta\alpha_{ij}'' = \frac{\rho'' \sin\alpha_{ij}^0}{s_{ij}^0}\delta x_i - \frac{\rho'' \cos\alpha_{ij}^0}{s_{ij}^0}\delta y_i - \frac{\rho'' \sin\alpha_{ij}^0}{s_{ij}^0}\delta x_j + \frac{\rho'' \cos\alpha_{ij}^0}{s_{jk}^0}\delta y_j$$

$$\delta\alpha_{ik}'' = \frac{\rho'' \sin\alpha_{ik}^0}{s_{ik}^0}\delta x_i - \frac{\rho'' \cos\alpha_{ik}^0}{s_{ik}^0}\delta y_i - \frac{\rho'' \sin\alpha_{ik}^0}{s_{ik}^0}\delta x_k + \frac{\rho'' \cos\alpha_{ik}^0}{s_{ik}^0}\delta y_k$$

$$\delta\alpha_{ih}'' = \frac{\rho'' \sin\alpha_{ih}^0}{s_{ih}^0}\delta x_i - \frac{\rho'' \cos\alpha_{ih}^0}{s_{ih}^0}\delta y_i - \frac{\rho'' \sin\alpha_{ih}^0}{s_{ih}^0}\delta x_h + \frac{\rho'' \cos\alpha_{ih}^0}{s_{jh}^0}\delta y_h$$

并令：

$$a_{ij} = \rho\frac{\sin\alpha_{ij}^0}{S_{ij}^0}, \quad b_{ij} = \rho\frac{\cos\alpha_{ij}^0}{S_{ij}^0}, \quad a_{ik} = \rho\frac{\sin\alpha_{ik}^0}{S_{ik}^0}, \quad b_{ik} = \rho\frac{\cos\alpha_{ik}^0}{S_{ik}^0}$$

$$a_{ih} = \rho\frac{\sin\alpha_{ih}^0}{S_{ih}^0}, \quad b_{ih} = \rho\frac{\cos\alpha_{ih}^0}{S_{ih}^0}$$

$$l_{ij} = \alpha_{ij}^0 - Z_i^0 - L_{ij}, \quad l_{ik} = \alpha_{ik}^0 - Z_i^0 - L_{ik}, \quad l_{ih} = \alpha_{ih}^0 - Z_i^0 - L_{ih}$$

整理得方向观测值误差方程：

$$\left.\begin{array}{l} v_{Lij} = -\delta z_i + a_{ij}\delta x_i - b_{ij}\delta y_i - a_{ij}\delta x_j + b_{ij}\delta y_j + +l_{ij} \\ v_{Lik} = -\delta z_i + a_{ik}\delta x_i - b_{ik}\delta y_i - a_{ik}\delta x_k + b_{ik}\delta y_k + l_{ik} \\ v_{Lih} = -\delta z_i + a_{ih}\delta x_i - b_{ih}\delta y_i - a_{ih}\delta x_h + b_{ih}\delta y_h + l_{ih} \end{array}\right\} \qquad (2\text{-}36)$$

3. 应用史莱伯法则后虚拟误差方程

以方向观测值组误差方程及法方程，由于每个测站增加了一个定向角未知数，未知数总数比以角度为观测值的未知数大约要增加 50%。引入定向角未知数是建立数学模型的需要，平差关心是待定点坐标及其精度，定向角未知数本身没有什么意义。所以若能在组法方程前消除定向角未知数，对于降低法方程阶数是很有意义的。史莱伯法则就是从误差方程中消除定向角未知数，解出与原始误差方程同解的坐标未知数的方法。其具体操作步骤为：

（1）直接去掉方向值误差方程中的定向角未知数，得到虚拟的误差方程，如式（2-36）中方向观测值误差方程，去掉定向角未知数后为：

$$\left.\begin{array}{l} v_{Lij} = a_{ij}\delta x_i - b_{ij}\delta y_i - a_{ij}\delta x_j + b_{ij}\delta y_j + + l_{ij} \\ v_{Lik} = a_{ik}\delta x_i - b_{ik}\delta y_i - a_{ik}\delta x_k + b_{ik}\delta y_k + l_{ik} \\ v_{Lih} = a_{ih}\delta x_i - b_{ih}\delta y_i - a_{ih}\delta x_h + b_{ih}\delta y_h + l_{ih} \end{array}\right\} \tag{2-37}$$

（2）将一个测站的虚拟的误差方程相加，得到一个新的虚拟的误差方程称为和方程。例如将式（2-37）3 个虚拟误差方程相加得到如下和方程：

$$[v] = (a_{ij} + a_{ik} + a_{ih})\delta x_i - (b_{ij} + b_{ik} + b_{ih})\delta y_i - a_{ij}\delta x_j + b_{ij}\delta y_j -$$
$$a_{ik}\delta x_k + b_{ik}\delta y_k - a_{ih}\delta x_h + b_{ih}\delta y_h + (l_{ij} + l_{ik} + l_{ih}) \tag{2-38}$$

和方程的权定义为：$p = -\dfrac{1}{n_i}$，其中 n_i 是测站 i 的方向数。

（3）将虚拟误差方程（2-37）、（2-38）像误差方程（2-36）一样用于组法方程，则可从组成的法方程解算出与原始误差方程所组法方程同解的坐标未知数。

（4）间接平差计算 $[pvv]$ 一般不采用公式 $[pvv] = \sum\limits_{i=1}^{n} p_i v_i v_i$，而是采用下列计算公式计算：

$$V^T PV = [pll] + [l]_i \delta z_i + [l]_j \delta z_j + \cdots + [pal]\delta x_1 + [pbl]\delta x_2 + \cdots + [ptl]\delta x_t \tag{2-39}$$

采用史莱伯法则消去定向角未知数后，为使式（2-39）仍然成立，应使和方程常数项 $[l]_i$，$[l]_j$，$\cdots$，等于 0，为此要采用下式计算各测站定向角未知数近似值：

$$Z_i = \frac{\sum\limits_{k=1}^{ni}(\alpha_{ik}^0 - L_{ik})}{n_i} \tag{2-40}$$

（5）若测站点和照准点均是已知点，则该方向误差方程应用史莱伯法则后消除，但是其常数项加入了和方程常数项 $[l]_i$。

4. 观测边长误差方程

设边长观测值 L_i，两端点坐标平差值为 x_j，y_j 和 x_k，y_k，相应的近似值和改正数为 x_j^0，y_j^0，x_k^0，y_k^0

和 δx_j, δy_j, δx_k, δy_k ，则观测值 L_i 的观测值方程为

$$L_i + v_i = \sqrt{(x_k - x_j)^2 + (y_k - y_j)^2} \tag{2-41}$$

将式（2-41）在 $x_j^0, y_j^0, x_k^0, y_k^0$ 处展开为泰勒级数，并取至一次项得：

$$L_i + v_i = \sqrt{(x_k^0 - x_j^0)^2 + (y_k^0 - y_j^0)^2} + \frac{x_k^0 - x_j^0}{\sqrt{(x_k^0 - x_j^0)^2 + (y_k^0 - y_j^0)^2}}(\delta x_k - \delta x_j) +$$

$$\frac{y_k^0 - y_j^0}{\sqrt{(x_k^0 - x_j^0)^2 + (y_k^0 - y_j^0)^2}}(\delta y_k - \delta y_j)$$

整理并令 $S_{jk}^0 = \sqrt{(x_k^0 - x_j^0)^2 + (y_k^0 - y_j^0)^2}$ ，$l_i = S_{jk}^0 - L_i$ ，即得线性化的边长误差方程：

$$v_i = -\frac{\Delta x_{jk}^0}{S_{jk}^0}\delta x_j - \frac{\Delta y_{jk}^0}{S_{jk}^0}\delta y_j + \frac{\Delta x_{jk}^0}{S_{jk}^0}\delta x_k + \frac{\Delta y_{jk}^0}{S_{jk}^0}\delta y_k + l_i \tag{2-42}$$

同样当端点 j, k 中有一个点为已知点时，则相应的坐标改正数 $\delta x_j, \delta y_j$ 或者 $\delta x_k, \delta y_k$ 为零。另外根据 $\Delta x_{jk}^0 = -\Delta y_{kj}^0$ ，可知边长误差方程与端点排序 jk 或 kj 无关。

2.6.4 法方程组成

如观测值之间不是相互独立，则权阵不是对角阵，法方程只能按矩阵乘积的方法组成，即按公式 $N = B^T PB$ ，$U = B^T Pl$ 求出法方程系数、常数后，组成法方程 $Nx + U = 0$ 。一般而言，观测值总是误差独立的或者被视为误差独立的，所以组法方程可采用表格 2.1 进行。具体做法为：

（1）将各误差方程系数依次按行填入表中，第一行填入第一个误差方程的系数、常数、权，第二行填入第二个误差方程的系数、常数、权，……。其中 a 列对应着第一个未知数的系数，b 列对应着第二个未知数的系数，……，l 列对应着误差方程常数项，p 列对应着观测值的权，依此规则，填完全部误差方程系数、常数和权，见表 2.1。

表 2.1 间接平差法方程组成表格

序号	a（x_1）	b（x_2）	c（x_3）	…	t（x_t）	l	S	p
1	a_1	b_1	c_1	…	t_1	l_1	S_1	p_1
2	a_2	b_2	c_2	…	t_2	l_2	S_2	p_2
⋮	⋮	⋮	⋮	⋮	⋮	⋮	⋮	⋮
n	a_n	b_n	c_n	…	t_n	l_t	S_n	p_n
[ ]	$[a]$	$[b]$	$[c]$	…	$[t]$	$[l]$		

（2）计算 $s_i = a_i + b_i + c_i + \cdots + t_i$ 填入表 S 列相应行作为检核元素，再按式（2-43）检核：

$$[a] + [b] + \cdots + [t] = [s] = s_1 + s_2 + \cdots + s_n \tag{2-43}$$

（3）将表中 a 列元素自乘后与 p 列同行元素相乘，全列各行元素乘积值累加，即得到 $[paa]$。同理可得法方程系数阵其余元素和常数阵元素 $[pab]$，$[pac]$，$\cdots$，$[ptt]$，$[pal]$，$\cdots$，$[ptl]$ 等。最后按式（2-44）进行检核。

$$\left. \begin{array}{l} [paa] + [pab] + \cdots + [pat] + [pal] = [pas] \\ \cdots \\ [pat] + [pbt] + \cdots + [ptt] + [ptl] = [pts] \end{array} \right\} \tag{2-44}$$

2.6.5 高斯约化解法方程

高斯约化法是经典的法方程解算方法，其不仅适用于手工计算，对于计算机编程计算，也具有可节省大量内存的优势，至今仍不失为一种重要的法方程解算方法。

高斯约化是一种利用法方程系数对称的特点，以加减消元法为基础的方法。高斯约化的基本思想是：连续地应用加减消元法，依次、逐个地消去未知数，使法方程系数阵变成三角阵，这个过程称为消元过程。然后逐个回代求解全部未知数，这个过程称为回代过程。下面以三阶法方程为例，说明高斯约化的原理及过程：

$$\begin{bmatrix} [paa] & [pab] & [pac] \\ [pab] & [pbb] & [pbc] \\ [pac] & [pbc] & [pcc] \end{bmatrix} \begin{bmatrix} x_1 \\ x_2 \\ x_3 \end{bmatrix} + \begin{bmatrix} [pal] \\ [pbl] \\ [pcl] \end{bmatrix} = \begin{bmatrix} 0 \\ 0 \\ 0 \end{bmatrix} \begin{matrix} (a) \\ (b) \\ (c) \end{matrix} \tag{2-45}$$

（1）第一次约化。

第二行各元素减去第一行同列元素乘以 $[pab]/[paa]$，第三行各元素减去第一行同列元素乘以 $[pac]/[paa]$。根据矩阵初等变换的原理，若要将矩阵中某一行（r 行）元素加上与前面某一行（g 行）成比例 k 的元素，则对矩阵左乘矩阵 R_1。

$$R_1 = \begin{bmatrix} 1 & 0 & 0 \\ k & 1 & 0 \\ 0 & 0 & 1 \end{bmatrix} \begin{matrix} \rightarrow g \\ \rightarrow r \\ \end{matrix}$$

因此第一次约化要将法方程系数阵第 1 列第 2、3 行元素化为 0，需对法方程系数阵及常数向量左乘矩阵 $R_1 = \begin{bmatrix} 1 & 0 & 0 \\ -[pab]/[paa] & 1 & 0 \\ -[pac]/[paa] & 0 & 1 \end{bmatrix}$，将法方程转换为 $R_1 N x + R_1 U = 0$，记：

$$[pgh.1] = [pgh] - \frac{[pag][pah]}{[paa]}, \quad [phl.1] = [phl] - \frac{[pah][pal]}{[paa]}$$

经过一次约化后法方程为

$$\begin{bmatrix} [paa] & [pab] & [pac] \\ 0 & [pbb.1] & [pbc.1] \\ 0 & [pbc.1] & [pcc.1] \end{bmatrix} \begin{bmatrix} x_1 \\ x_2 \\ x_3 \end{bmatrix} + \begin{bmatrix} [pal] \\ [pbl.1] \\ [pcl.1] \end{bmatrix} = \begin{bmatrix} 0 \\ 0 \\ 0 \end{bmatrix} \begin{matrix} (a) \\ (b) \\ (c) \end{matrix} \qquad (2\text{-}46)$$

（2）第二次约化。

将第三行各元素减去第二行同列元素乘以$[pbc.1]/[pbb.1]$，也就是对法方程$R_1NK + R_1W = 0$

左乘矩阵$R_2 = \begin{bmatrix} 1 & 0 & 0 \\ 0 & 1 & 0 \\ 0 & -[pbc.1]/[pbb.1] & 1 \end{bmatrix}$，得$R_2R_1NK + R_2R_1W = 0$，记：

$$[pgh.2] = [pgh.1] - \frac{[pbg.1][pbh.1]}{[pbb.1]}, \quad [phl.2] = [phl.1] - \frac{[pbh.1][pbl.1]}{[pbb.1]}$$

则二次约化后化方程为

$$\begin{bmatrix} [paa] & [pab] & [pac] \\ 0 & [pbb.1] & [pbc.1] \\ 0 & 0 & [pcc.2] \end{bmatrix} \begin{bmatrix} x_1 \\ x_2 \\ x_3 \end{bmatrix} + \begin{bmatrix} [pal] \\ [pbl.1] \\ [pcl.2] \end{bmatrix} = \begin{bmatrix} 0 \\ 0 \\ 0 \end{bmatrix} \begin{matrix} (a) \\ (b) \\ (c) \end{matrix} \qquad (2\text{-}47)$$

经过二次约化，原法方程系数阵N已转化为上三角阵R_2R_1N，至此可直接求出x_3，并回代依次求出未知数x_2、x_1。

高斯约化手算时，采用高斯约化表格计算，其优点是计算方法规范，步步有检核，可及时发现计算错误，因而曾经长期是测量平差的主要计算方法。在普遍采用计算机程序计算的今天，高斯约化法本身作为一种线性对称方程组解法仍然适用，但是高斯约化表格算法已经不再用于实际平差计算了。

2.6.6 精度评定

1. 单位权中误差和V^TPV的计算

在 2.2.3 节中已经介绍了单位权中误差的计算公式$m_0 = \pm\sqrt{\dfrac{[pvv]}{n-t}}$，式中$[pvv]$在观测值相互独立时，可以根据定义式$[pvv] = \sum\limits_{i=1}^{n} pvv$，以观测值改正数直接计算，也可以按下列公式计算：

$$[pvv] = [pll] + [pal]\delta x_1 + [pbl]\delta x_2 + \cdots + [ptl]\delta x_t \qquad (2\text{-}48)$$

根据$V^TPV = (B\delta X + l)^TPV = \delta X^T B^TPV + l^TPV$，由于$B^TPV = 0$（式 2-22），就有：$l^TP(B\delta X + l) = l^TPl + (B^TPl)^T\delta X = l^TPl + U^T\delta X$，其纯量形式即式（2-48）。

2. 未知参数的协因数阵

将未知参数表达成观测值向量的函数：

$\delta x = -N^{-1}B^{\mathrm{T}}Pl = -N^{-1}B^{\mathrm{T}}P[L-(BX^0+d)] = -N^{-1}B^{\mathrm{T}}PL + N^{-1}B^{\mathrm{T}}P(BX^0+d)$，即

$$\delta x = -N^{-1}B^{\mathrm{T}}PL + N^{-1}B^{\mathrm{T}}P(BX^0+d) \qquad （2-49）$$

表达式中第二项是非随机量，设观测值向量协因数阵为 Q，其逆阵为权阵 P。对式（2-49）应用协因数传播律：

$$Q_{xx} = N^{-1}B^{\mathrm{T}}PQPBN^{-1} = N^{-1} \qquad （2-50）$$

即法方程系数阵的逆阵，就是未知参数的协因数阵。可见只要求得 N^{-1}，即求得各未知参数权倒数。

3. 未知数函数的中误差

间接平差中，任意一个量不论是观测量还是非观测量，都可表示为所设未知参数的函数。评定未知参数精度，可直接从法方程系数阵的逆阵中获取权倒数，从而求得中误差。平面控制网除了评定待定点坐标中误差外，还常常需要评定坐标方位角和边长平差值的精度，这就需要将其表示为未知参数的函数，并应用协因数传播律求评定值权倒数。具体计算步骤归纳如下：

（1）将欲评定的值表示成未知参数的函数 $F = \varphi(x_1, x_2, \cdots, x_t)$。

（2）在近似值 $x_1^0, x_2^0, \cdots, x_t^0$ 处，将函数 F 展开为泰勒级数，取至一次项，得到：

$$F = \varphi(x_1^0, x_2^0, \cdots, x_t^0) + \left(\frac{\partial \varphi}{\partial x_1}\right)_0 \delta x_1 + \left(\frac{\partial \varphi}{\partial x_2}\right)_0 \delta x_2 + \cdots + \left(\frac{\partial \varphi}{\partial x_t}\right)_0 \delta x_t$$

（3）令 $f_i = \left(\dfrac{\partial \varphi}{\partial x_i}\right)_0$，则线性化后为 $F = F_0 + f_1\delta x_1 + f_2\delta x_2 + \cdots + f_t\delta x_t$。根据协方差或协因数传播律知，函数值 F 精度与常数项 $\varphi(x_1^0, x_2^0, \cdots, x_t^0)$ 无关。将非常数项表示为：

$$\delta F = f_1\delta x_1 + f_2\delta x_2 + \cdots + f_t\delta x_t \qquad （2-51）$$

式（2-49）实际上就是函数 F 的全微分，将其称为权函数式，矩阵式为：$\delta F = \underset{1\times t}{f^{\mathrm{T}}} \underset{t\times 1}{\delta x}$。

（4）对权函数式应用协因数传播律，求得权倒数：

$$\frac{1}{p_F} = f^{\mathrm{T}}Q_{xx}f = f^{\mathrm{T}}N^{-1}f \qquad （2-52）$$

2.6.7　误差椭圆及其参数

1. 点位中误差

点在坐标平面中的位置是用一对平面坐标来确定，由于观测存在误差，所以点位坐标也存在误差。在一个确定的坐标系中，设 P 点为待定点真实位置，P' 为平差值位置，P' 与 P 间距离 ΔP 为 P 点的点位真误差（见图 2.4）。

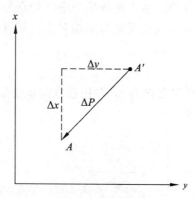

图 2.4　点位误差

显然根据几何关系可得：$\Delta P^2 = \Delta x^2 + \Delta y^2$，对此求期望值可得到：

$$\sigma_P^2 = E(\Delta P^2) = E(\Delta x^2) + E(\Delta y^2) = \sigma_x^2 + \sigma_y^2 \tag{2-53}$$

即 P 点点位方差等于其 x 坐标方差与 y 坐标方差之和。

点位真误差 ΔP 是由观测误差引起，显然与坐标系统设置无关，因此可以得到结论：点位方差 σ_P^2 等于点位真误差 ΔP 在任意两个相互垂直方向上投影的方差之和。

工程实践中得不到真误差，也不可能无限次观测，所以只能得到误差的估值，所以式（2-53）一般表示为：

$$m_P^2 = m_x^2 + m_y^2 \tag{2-54}$$

式中，待定点纵横坐标中误差计算公式为：

$$\left. \begin{array}{l} m_{x_i}^2 = m_0^2 \dfrac{1}{p_{x_i}} = m_0^2 q_{x_i x_i} \\[2mm] m_{y_i}^2 = m_0^2 \dfrac{1}{p_{y_i}} = m_0^2 q_{y_i y_i} \end{array} \right\} \tag{2-55}$$

式中，$q_{x_i x_i}$ 为未知参数 x_i 的权导数，是未知参数向量 X 协因数阵 Q_{XX} 主对角线上的第 i 个元素，$q_{y_i y_i}$ 为未知参数 y_i 的权导数，是未知参数向量 X 协因数阵 Q_{XX} 主对角线上的第 $i+1$ 个元素。

由于间接平差法一般直接选择待定点坐标为未知参数（或待定点高程），所以 $Q_{XX} = N^{-1}$。例如有 s 个待定点时，未知数的协因数阵为：

$$Q_{\hat{x}\hat{x}} \atop 2s,2s = \begin{vmatrix} q_{x_1x_1} & q_{x_1y_1} & \cdots & q_{x_1x_i} & q_{x_1y_i} & \cdots & q_{x_1x_s} & q_{x_1y_s} \\ q_{y_1x_1} & q_{y_1y_1} & \cdots & q_{y_1x_i} & q_{y_1y_i} & \cdots & q_{y_1x_s} & q_{y_1y_s} \\ \vdots & \vdots & & \vdots & \vdots & & \vdots & \vdots \\ q_{x_sx_1} & q_{x_sy_1} & \cdots & q_{x_sx_i} & q_{x_sy_i} & \cdots & q_{x_sx_s} & q_{x_sy_s} \\ q_{y_sx_1} & q_{y_sy_1} & \cdots & q_{y_sx_i} & q_{y_sy_i} & \cdots & q_{y_sx_s} & q_{y_sy_s} \end{vmatrix} \qquad (2\text{-}56)$$

因此，求某一个未知参数的协因数（权倒数），可直接从 $Q_{\hat{x}\hat{x}}$ 矩阵主对角线上提取。

点位误差是相对于坐标原点的，由于经典平差中已知点是视为没有误差的，所以实际上也是相对已知点的，即我们估算的点位误差均是相对于已知点的。

2. 任意方向 φ 的位差

如图 2.5 所示，待定点 P 点位真误差 ΔP 在任意方向 φ 投影值为 PP''，与 ΔP 在 x, y 坐标轴方向投影值 $\Delta x, \Delta y$ 的关系式为：

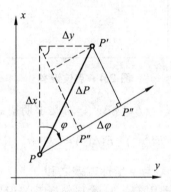

图 2.5　任意方向 φ 的位差

$$\Delta \varphi = PP''' = PP'' + P''P''' = \Delta x \cos \varphi + \Delta y \sin \varphi = [\cos \varphi \quad \sin \varphi] \begin{bmatrix} \Delta x \\ \Delta y \end{bmatrix} \qquad (2\text{-}57)$$

由于假设 P 点是没有误差的真实位置，所以真误差 $\Delta x, \Delta y$ 也是 P' 点的坐标误差。对式（2-54）应用协因数传播律，求得误差 $\Delta \varphi$ 之中误差权倒数：

$$q_{\varphi\varphi} = (\cos \varphi \quad \sin \kappa) \begin{pmatrix} q_{xx} & q_{xy} \\ q_{yx} & q_{yy} \end{pmatrix} \begin{pmatrix} \cos \varphi \\ \sin \varphi \end{pmatrix}$$

$$= q_{xx} \cos^2 \varphi + q_{yy} \sin^2 \varphi + q_{xy} \sin 2\varphi \qquad (2\text{-}58)$$

式中，q_{xy} 是 P' 点 x, y 坐标的相关权倒数。根据权导数和单位权中误差求 φ 方向位差：

$$m_\varphi^2 = m_0^2 q_{\varphi\varphi} = m_0^2 [q_{xx} \cos^2 \varphi + q_{yy} \sin^2 \varphi + q_{xy} \sin 2\varphi] \qquad (2\text{-}59)$$

3. 方向点位中误差的极大值 E 和极小值 F

由于单位权中误差 m_0 与 φ 无关，所以 φ 方向点位中误差 m_φ 的值取决于权倒数 $q_{\varphi\varphi}$。在式（2-54）中，$q_{x_ix_i}$，$q_{y_iy_i}$ 和 $q_{x_iy_i}$ 是常数，因此 $q_{\varphi\varphi}$ 是坐标方位角 φ 的函数。φ 的取值范围是 $0° \sim$

360°，以 φ 为极角，m_φ 值为极径，按极坐标法绘制点（φ，m_φ）的轨迹，得到一封闭曲线称为误差曲线。误差曲线形状接近椭圆，其极径的长度即等于点位中误差在该方向的投影。由式（2-56）及图 2.6 可见，误差曲线是一对称图形，当 $\varphi = 0°$ 和 $\varphi = 90°$ 时，m_φ 就分别等于 m_x 和 m_y，在坐标方位角为 φ_E 的方向，取得最大值 E，在与其相互垂直的方向 φ_F，取得最小值 F。由于点位中误差平方等于点位中误差在任意两个相互垂直方向投影的平方和，所以有：

$$m_p^2 = m_x^2 + m_y^2 = m_E^2 + m_F^2 \tag{2-60}$$

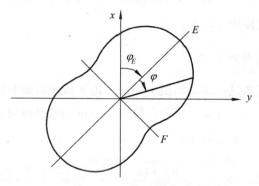

图 2.6　误差椭圆曲线

令 $\dfrac{\partial q_{\varphi\varphi}}{\varphi} = 0$，得到 $-q_{xx}\sin 2\varphi_0 + q_{yy}\sin 2\varphi_0 + 2q_{xy}\cos 2\varphi_0 = 0$。整理即得极值解 φ_0：

$$2\varphi_0 = \arctan\frac{2q_{xy}}{q_{xx} - q_{yy}} \tag{2-61}$$

由于 $\tan 2\varphi_0 = \tan(2\varphi_0 + 180°)$，所有 φ_0 有两个根，一个为 φ_0，另一个为 $\varphi_0 + 90°$，即极值方向有两个，一个是极大值，另一个则是极小值。

确定极值方位的法则是：

（1）$q_{xy} > 0$，极大值在一、三象限，极小值在二、四象限。

（2）$q_{xy} < 0$，极大值在二、四象限，极小值在一、三象限。

设极大值坐标方位角为 φ_E，极小值坐标方位角为 φ_F，以 E、F 表示 φ_E、φ_F 方位中误差 m_{φ_E}、m_{φ_F}，则 E、F 的计算公式为：

$$\left.\begin{aligned} k &= \sqrt{(q_{xx} + q_{yy})^2 + 4q_{xy}^2} \\ E^2 &= \frac{1}{2}m_0^2(q_{xx} + q_{yy} + K) \\ F^2 &= \frac{1}{2}m_0^2(q_{xx} + q_{yy} - K) \end{aligned}\right\} \tag{2-62}$$

由公式（2-62）可以看出：

$$m_p^2 = E^2 + F^2 = m_0^2(q_{xx} + q_{yy}) = m_x^2 + m_y^2$$

4. 误差椭圆

点位误差曲线不是一种典型曲线，但是形状上与以 E、F 为长短半轴的椭圆相似。受当时技术条件局限，测量上长期以椭圆代替误差曲线，称为点位的误差椭圆，长轴坐标方位角 φ_E 和长短半轴 E、F 称为点位误差椭圆的参数。椭圆方程为：

$$\frac{x^2}{E^2} + \frac{y^2}{F^2} = 1 \tag{2-63}$$

误差椭圆的向径不再是 P 点在该方向的误差，但只要在垂直于该方向上作椭圆的切线，则垂足与原点的连线长度即该方向上位差。

5. 点位落入误差椭圆内的概率

平面控制点的点位是通过一组观测值求得的，由于观测值带有随机误差，求得的点位也是随机点。观测误差服从正态分布，因而二维坐标表示的随机点服从二维正态分布。

二维正态分布的联合密度函数为：

$$f(x,y) = \frac{1}{2\pi\sigma_x\sigma_y\sqrt{1-\rho^2}} \exp\left\{ \frac{-1}{2(1-\rho^2)} \left[\frac{(x-\mu_x)^2}{\sigma_x^2} - 2\rho\frac{(x-\mu_x)(y-u_y)}{\sigma_x\sigma_y} + \frac{(y-\mu_y)^2}{\sigma_y^2} \right] \right\} \tag{2-64}$$

式中，μ_x，u_y 为随机点 x、y 坐标的数学期望值，其中 $\rho = \dfrac{\sigma_{xy}}{\sigma_x\sigma_y}$ 为随机变量 x 与 y 的相关系数。

$f(x,y)$ 的几何图形是图 2.7 所示曲面，其形状如山冈，在点 (μ_x, μ_y) 上达到最高峰。若用一组与 XOY 坐标平面平行的平面去截该分布曲面，然后将截线投影到 XOY 平面上，则得到一族同心椭圆，椭圆中心为 (μ_x, μ_y)，椭圆方程为：

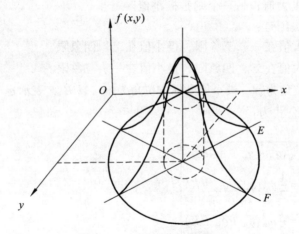

图 2.7 $f(x,y)$ 的几何图形

$$\frac{(x-\mu_x)^2}{\sigma_x^2} - 2\rho\frac{(x-\mu_x)(y-u_y)}{\sigma_x\sigma_y} + \frac{(y-\mu_y)^2}{\sigma_y^2} = \lambda^2 \tag{2-65}$$

式中，λ^2为一常数，同一椭圆上所有点的二维正态分布联合密度函数$f(x,y)$是等值的，所以这些椭圆称等密度椭圆。当$f(x,y)$等于不同常数时，同心椭圆反映了随机点点位分布情况，因此被称为误差椭圆。为简便起见，将椭圆中心作为坐标原点，则误差椭圆方程变为：

$$\frac{x^2}{\sigma_x^2} - 2\rho\frac{xy}{\sigma_x\sigma_y} + \frac{y^2}{\sigma_y^2} = \lambda^2 \Rightarrow \sigma_y^2 x^2 - 2\rho\sigma_x\sigma_y xy + \sigma_x^2 y^2 = \lambda^2\sigma_x^2\sigma_y^2 \qquad (2\text{-}66)$$

由解析几何知，当有方程$Ax^2 + Bxy + Cy^2 = R^2$时，为了消去Bxy项，使其变为标准形式，必须将坐标系旋转一个θ角，θ角由下式确定：

$$\tan 2\theta = \frac{B}{A-C} = \frac{2\rho\sigma_x\sigma_y}{\sigma_x^2 - \sigma_y^2} \qquad (2\text{-}67)$$

由于$\rho\sigma_x\sigma_y = \sigma_{xy} = \sigma_0^2 Q_{xy}$，$\sigma_x^2 = \sigma_0^2 Q_{xx}$，$\sigma_y^2 = \sigma_0^2 Q_{yy}$，即有

$$\tan 2\theta = \frac{2Q_{xy}}{Q_{xx} - Q_{yy}} \qquad (2\text{-}68)$$

于是知旋转角实际上即φ_0，即σ_φ取得极大值或极小值的方向，或者说x，y坐标轴旋转后与E，F方向重合，则椭圆方程式（2-65）即可取得标准化形式。此时在新坐标系中，σ_x^2、σ_y^2被E^2、F^2代替，并令$\lambda = k$，则椭圆方程为：$\dfrac{x^2}{E^2} + \dfrac{y^2}{F^2} = k^2$。当$k$取不同的值时，就得到一族同心误差椭圆并记作$B_k$。令$k=1$，则误差椭圆称为标准误差椭圆。

经过上述简化后，二维正态分布的密度函数为：

$$f(x,y) = \frac{1}{2\pi EF}\exp\left\{-\frac{1}{2}\left(\frac{x^2}{E^2} + \frac{y^2}{F^2}\right)\right\} \qquad (2\text{-}69)$$

现在讨论待定点落入误差椭圆B_k（记作$(x,y)\subset B_k$）内的概率，即

$$\begin{aligned} P((x,y)\subset B_k) &= \iint_{B_k} f(x,y)\mathrm{d}x\mathrm{d}y \\ &= \iint_{B_k}\frac{1}{2\pi EF}\exp\left\{-\frac{1}{2}\left(\frac{x^2}{E^2} + \frac{y^2}{F^2}\right)\right\}\mathrm{d}x\mathrm{d}y \end{aligned} \qquad (2\text{-}70)$$

作积分代换，令$x^2 = 2E^2u^2$，$y^2 = 2F^2v^2$，标准椭圆方程变为：$u^2 + v^2 = \dfrac{k^2}{2}$，这是一个圆方程$C_k$，待定点落入误差椭圆$B_k$内的概率现在等于落入圆$C_k$内的概率，所以

$$P((x,y)\subset B_k) = P((x,y)\subset C_k) = \frac{1}{\pi}\iint_{C_k}\exp\{-(u^2+v^2)\}\mathrm{d}u\mathrm{d}v \qquad (2\text{-}71)$$

令$u = r\cos\theta$，$v = r\sin\theta$，则

$$P((x, y) \subset C_k) = \frac{1}{\pi} \iint_{C_k} \exp\{-(u^2 + v^2)\} du dv$$

$$= \frac{1}{\pi} \int_0^{2\pi} d\theta \int_0^{k/\sqrt{2}} r e^{-r^2} dr = 2 \int_0^{k/\sqrt{2}} r e^{-r^2} dr = 1 - e^{-\frac{k^2}{2}} \quad (2\text{-}72)$$

给定不同的 K 值，即得点位落入误差椭圆的概率 P（见图 2.8）。

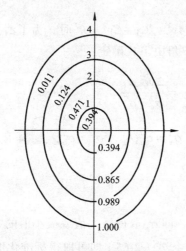

图 2.8　点位落入误差椭圆的概率

第3章 控制网测量平差程序设计

3.1 平差程序的基本要求

测量平差程序设计和一般的数值计算程序一样，衡量程序优劣的基本性能指标应包括：

（1）计算正确、通用性强、可靠性高；

（2）智能化程度高、使用方便；

（3）结构层次分明、各模块功能独立，代码简洁流畅、逻辑清晰、可读性强且便于维护。

计算正确、通用性强、可靠性高是平差程序的最基本要求，要实现这一点，采用正确的数学模型是非常重要的，但这并不是难点。困难之处在于，一个通用的测量平差程序，必须能适应各种可能出现的网型。控制网的网型结构是复杂多变的，尤其是包容导线网、三角网、三边网、边角交会等基本图形的任意混合网，其网型结构就更难预测。若程序运行时遇到没有考虑到的情况，计算就很可能失败。因此保障程序的通用性、可靠性，是控制网平差程序设计中的核心和难点。

任何数值计算程序，处理数据的录入必须遵循程序设定的规则。智能化程度高、使用方便，是指数据编排不存在冗余的限制；其规则易懂、易记；数据录入方便、程序运行过程中无需再录入信息等，这都是关系到程序能否为用户接受的重要因素。

程序结构层次分明、各模块功能独立，代码简洁流畅、逻辑清晰，会使得整个程序就像一篇优美的文章，不仅可读性强、容易理解，而且便于维护、完善。程序的优化是无止境的，一个复杂计算程序，没有经过大量的数据检验，其可靠性均不能过高估计，只有不断优化才能成熟。所以，第三项要求是关系程序是否能够持续改进、是否具有生命力的重要指标。

3.2 平差程序设计的基本步骤

程序设计如同撰写文章，是一项充分发挥设计者个性和创造性的工作。设计者专业背景和思维特点不同，设计方法因人而异，不会严格按照机械刻板的步骤进行。但是设计工作决非随心所欲，杂乱无序，为使设计工作严谨、有序、高效地进行，应首先进行整体框架设计，拟定设计目标和程序框架结构后，再根据计算过程划分功能模块，依次逐一完成各功能模块中事件、函数及通用过程的程序代码编写和调试工作。具体步骤、内容及要求可概括如下：

3.2.1 总体结构

总体结构设计是在明确程序功能和要求后，就程序的运行流程、功能模块的划分和组织做出规划。本书所介绍的平差示例程序，以屏幕下拉菜单（＋快捷按钮）事件过程为程序主体，子菜单点击事件发生与否与发生的顺序，决定程序运行的流程。出丁教学程序的考虑，示例程序功能模块划分以平面平差、高程平差为两大功能块，在此基础上再按计算顺序作细分。如平面平差模块，就划分为"读入数据"、"近似坐标"、"组法方程"、"平差计算"等四个功能相对独立的模块（见图 3.1）。

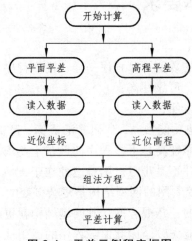

图 3.1 平差示例程序框图

3.2.2 录入数据结构

测量平差程序录入数据包括控制网已知数据和观测数据,这些数据之间存在固定的关系,例如平面控制网已知坐标、方向值、边长观测等,都只有与控制点联系起来才有意义。通用平差程序不能预设控制网结构,观测值将会对应着各种复杂网型,因而设计一套结构简单,能适用各种控制网结构,并便于计算机读入、识别、提取的数据编排格式,是测量程序设计的首要工作。

3.2.3 数据储存

通用测量平差程序会涉及大量的数据,数据储存设计即根据数据的使用情况,设计适当的储存方法和变量。数据储存设计不仅是平差程序设计中极其重要的环节,事实上也是关系到后续设计工作能否顺利完成的关键因素。数据储存设计应遵循以下基本原则:

（1）应该尽量少用窗体（模块）级变量。通用测量平差程序是一复杂的数值计算程序,包含众多的事件、函数和通用过程,其中使用着大量的变量。模块级变量能被窗体内各个过程访问,会使得各个过程间的耦合性复杂化,可能出现变量值被无意删改而引发的错误,增加设计和调试工作的难度。

（2）循环是复杂数值计算程序中不可替代的结构，在测量平差程序中被大量使用。因此对于同类多值的数据，都应使用数组变量储存。使用数组变量不仅是循环结构应用的需要，也可以减少变量数量（一个数组视为一个变量）。使用众多变量的程序可读性较低，也会给设计及调试工作增加困难。

（3）变量名设计应遵循简单明了，符合测量学和一般程序设计习惯的原则。如示例程序中以 i、j、k 为循环变量；数组变量 L（ ）、S（ ）保存方向观测值和边长观测值；数组 X（ ）、Y（ ）数组变量保存平面坐标值，使得根据变量名即可判断储存内容，增加程序的可读性。

（4）应尽量减少变量数量。大量使用变量的程序，如同人物众多的小说可读性较差。一些变量可以多次使用，如数组 X（ ）、Y（ ）先后用于保存控制点假设坐标、近似坐标和坐标平差值。一些保存中间计算过程的（数组）变量，也可以反复使用，如数组 nb（ ），最初保存误差方程系数，然后保存供约化的法方程常数项，最后保存未知参数改正数等。

3.2.4 事件、函数、通用过程

各种过程是组成程序的基本单元，其是否执行由有无事件发生或语句调用决定，和事件在代码窗口中的位置无关。在各类过程中，通常以事件过程作为程序的主体，以控制程序的流程；将功能相对独立、单一的数据处理部分，设计为函数或通用过程，由其他的过程调用执行。函数过程除具备和通用过程完全相同的功能外，还可以函数名为变量返回一个值，但习惯上将计算简单、返回值少的数据处理部分，编制成函数过程；而功能相对复杂，返回数值多的数据处理部分，编制成通用过程。

原则上需要执行两次以上的部分，都应该设计为函数或通用过程，如平差示例程序中组成法方程、解算法方程的部分，平面平差和高程平差均会用到，因而编写成通用过程供平面和高程平差模块分别调用；角度与弧度的相互转化计算功能，也需要多次反复应用，因而编写为函数过程等。一些功能模块虽然只执行一次，但是功能独立、代码较长，为了使软件的主体结构清晰易读，示例程序也将其设置为通用过程，如边角网、三角网、三边网近似坐标计算等。

和变量名一样，过程名设置也应与其功能相关联，以增加程序的可读性。

3.3 平差数据结构

3.3.1 概　述

平差程序处理对象是各类控制网的观测值和已知值，而观测值必须与测站点和照准点联系起来（平面网），或者与起点和终点联系起来（高程网），才能够录入计算机完成平差计算。控制网的基本数据包括已知数据、观测数据、控制点名，平差程序数据结构设计，就是通过

设计三者的编排格式，反映出观测值与控制点间的联系，使得计算机在录入数据的同时，识别并获取这种联系，即识别控制网网型。控制网的已知数据、观测数据、控制点名以及描述它们之间联系的组织编排，就称为"测量平差程序"的数据结构。

对于观测已结束的控制网而言，观测值之间的关系是确定的，但是反映这些关系的方法却是多样的。对于一个复杂的通用平差程序设计，首要的问题就是确定数据结构。平差程序的实用性很大程度上取决于数据结构是否方便合理、简单易记，此外数据结构也直接决定着程序数据录入、判读及提取信息功能模块的复杂程度，从而影响程序的可靠性。所以说数据结构设计，是平差程序设计中极其重要的一环。

作为数据结构设计的基本要求，首先是要求数据足数，即必要的起算数据，能满足控制网推算条件，数目大于必要观测数的独立观测值。如条件不满足，控制网中的待定参数将不能全部算出，从而导致平差计算失败。其次是要求数据结构只含构网必需的数据，无冗余数据。若条件不满足，程序虽然能成功完成平差计算，但是由于多而复杂的数据录入，会降低程序使用的方便性，严重影响程序的质量。例如对于一个平面控制网平差程序而言，已知点数、待定点数、方向观测值数、边长观测值数、测站数、多余观测数等信息，都是平差计算过程中需要的重要信息，这些信息本可以通过数据结构反映出来，让计算机程序录入数据时通过判读而获取。若数据结构未能反映出这些信息而是需要另行录入，这样的数据结构就存在冗余信息。对于一个结构复杂的大型平面控制网而言，人工统计这些信息并不是一件简单的事，所以说数据结构的优劣直接影响程序的易用性，是决定程序能否为用户接受的关键因素。

平差程序数据录入方式分为两类，一类是通过数据文件读入方式录入，另一类是人机交互方式录入，本书示例程序采用数据文件读入的方式。

3.3.2 高程控制网数据结构

高程控制网的基本结构，是由高差观测值连接各控制点构成闭合的网状图形。每一个高差观测值，只与两个控制点有关，观测值与控制点高程是线性函数关系，因而其网型结构远较平面控制网简单。

高程控制网数据包括高差观测值和已知点数据，其基本特点是：

（1）高差是有方向性的，因而每一个高差观测值，要对应录入起点和终点点名。

（2）高差观测值，由于路线长度不同，不是等精度观测值，所以要录入路线长度信息用于观测值定权。

（3）已知点数据包括已知高程点名及高程数据，需要对应录入。

上述信息就是高程控制网基本数据信息，平差所必需的其他信息，如高差观测值数、已知点数、多余观测值数等，均可以包含在数据结构中反映出来，让程序录入数据时自行判读获取。

武汉大学"科傻"通用平差程序采用的数据结构，很好地满足了无"冗余"的要求，编排格式方便、易记，对观测值录入顺序无任何要求，是一优秀数据结构设计方案。本书示例程序采用"科傻"数据结构，其高程网数据结构如下：

$$\left.\begin{array}{l}\text{已知点名, 已知高程值}\\ \text{...}\end{array}\right\}\text{已知点信息, 行数等于已知点数}$$

$$\left.\begin{array}{l}\text{起点名, 终点名, 高差, 路线长}\\ \text{...}\end{array}\right\}\text{观测值信息, 行数等于观测值数}$$

上述数据编排格式的特点是：

（1）一个已知点或者一个观测值单独占一行，一行中的不同信息，以逗号分隔。

（2）数据中的点名按实际点名录入，可以是数字、字母或汉字，对字符类型和长度不设限制。

（3）首先录入已知数据，录入完毕后录入观测数据。

（4）数据编排对各个高差观测值录入的顺序不设任何限制。

（5）观测高差和路线长度的单位一般均为米，也可以分别采用不同的单位，原则上同类数据长度单位一致即可。

（6）为避免程序对第三方程序（Word、Excel 等）的依赖，数据文件格式采用最简单的文本文件格式，如.txt 和.dat 等。

3.3.3 平面控制网数据结构

和高程平差一样，本书示例程序也采用武汉大学"科傻"通用平差程序的数据结构，数据编排格式为：

方向中误差, 测距固定误差, 测距比例误差}观测值先验精度信息

$$\left.\begin{array}{l}\text{已知点名, } x\text{坐标, } y\text{坐标}\\ \text{...}\\ \text{已知点名, } x\text{坐标, } y\text{坐标}\end{array}\right\}\text{已知点信息, 行数等于已知点数}$$

$$\left.\begin{array}{l}\text{测站点名}\\ \text{照准点名, 标示符, 观测值}\\ \text{...}\\ \text{测站点名}\\ \text{照准点名, 标示符, 观测值}\\ \text{...}\end{array}\right\}\text{观测值信息, 总行数等于观测值数加测站数}$$

上述平面控制网数据结构的特点是：

（1）传统方法建立的控制网（非 GPS 控制网）可能包含方向（角度）和边长两类观测值，因而观测值一般不等权，这就需要录入先验精度指标，用于确定各观测值的权。数据中第一行中就是用于确定观测值权重的先验精度指标，其中逗号分隔的三个字符串，依次是方向观测值中误差（秒）、边长观测值固定误差（毫米）、边长观测值比例误差（10^{-6}）。

（2）自第二行起录入已知点信息，每个已知点单独占一行，可以按任意顺序依次录入。每个已知点信息按已知点名、x 坐标、y 坐标的顺序录入，中间以逗号分隔。这里需要指出的是，虽然理论上已知点可以按任意顺序录入，但是由于示例程序计算近似坐标是通过计算假设坐标，再将假设坐标转换为近似坐标。在将假设坐标转换为近似坐标时，采用的已知点

信息取自首先录入的两个已知点，所以为削弱转换误差，选择最先录入的两个已知点，应是相距较远的点。

（3）已知点信息录入完毕后，开始录入观测值信息。观测数据的录入按测站进行，首先录入测站名，每个测站名单独占一行，这也是平面控制网数据结构中唯一不带逗号分隔符的数据行。测站出现的顺序可以任意选择，但录入顺序决定近似坐标推算路线，若录入时顾及到推算路线，则计算效率较高。

（4）一个控制点作为测站只能出现一次，测站名录入后即换行依次录入该测站所有方向及边长观测值，录完一个测站的观测数据后，再进行下一个测站观测数据的录入，直至最后一个测站。

（5）在测站名下录入该测站观测值时，每个方向或边长观测值单独占一行。观测值信息用逗号分隔为三个字符串，依次是照准点点名、标识符、观测值。由于方向观测值 178°25′34″，采用的录入格式为 178.253 4，程序不能识别这个数字是方向观测值还是边长观测值，所以必须录入识别信息加以区别。观测值信息中第二个字符串，就是识别观测值类型的标识符。标识符采用字符"L"表示后面的字符是方向观测值，"S"表示后面的字符是边长观测值。

（6）录入观测值时，对方向观测值和边长观测值出现的顺序不作限制，既可以交叉录入，也可以先录入方向值、后录入边长观测值（或者反之）。

（7）一个测站上的方向观测值应该按方向值大小顺序录入，边长观测值则必须按顺时针方向依次录入。

（8）两个控制点间的观测边只录入一次，并且规定观测边录在两个端点中点号较小点的测站名下。

上述数据结构简单易记、无冗余信息。平差计算中需要的已知点数、待定点数、方向观测值数、边长观测值数、测站数、多余观测数等重要信息均反映在数据编排格式中，平差计算程序在录入数据时，可以自行判读或计算出来，因而极大地方便了用户，是测量平差程序数据结构设计的典范。

3.4 数据储存设计

数据储存设计的意义、重要性及要求在 3.2.3 小节中已有论述，因而本小节不再赘述。为便于后续章节以实例阐述测量平差程序设计的方法与技巧，以下对示例程序声明的重要变量作简要说明。

1. 对象型变量

fso、ts、Fl 为对象型变量，用于处理文件和文件夹的创建、打开、读写、关闭等操作。

2. 数组变量

数组变量是平差示例程序采用的主要数据储存变量，程序中主要数据都是以数组变量储存。由于采用在读入数据过程中，通过判读、计算获取总点数、已知点数、观测值数等重要网型信息的设计方法，在平差数据读入完成前，数组变量的容量不能确定，因而程序中储存数组基本上均声明为动态数组。

示例程序使用的主要数组变量名称及其储存内容如下：

（1）xo（），yo（）变量保存已知点坐标；x（），y（）先后用于保存控制点假设坐标、近似坐标和坐标平差值。

（2）l（），lb（）分别保存整个控制网的方向观测值及其对应的照准点名。方向值照准点数组 lb（）中的下标与观测值 l（）数组中下标一一对应，这样已知方向观测值编号，查询其照准点名就非常方便。

（3）s（），sb（）分别保存边长观测值及其对应的照准点点名。同样的，两者在 s（），sb（）数组变量中的下标一一对应。

（4）nl（），ns（）用于保存各个测站上最大方向号和边长号，这是平面控制网平差程序中极其重要的网型信息。为了获取某测站 i 上有几个方向观测值、这些方向值在 l（）数组中的下标编号、保存在 lb（）数组中的对应照准点名等信息，平差示例程序以数组 nl（i）来保存 i 测站方向值在 l（）数组中的最大下标编号。这样 i 测站上方向观测值在 l（）数组中的下标编号，就是从 nl（i-1）+1 到 nl（i）。知道了 i 测站上方向观测值的编号，程序就不难获取 i 测站上的方向观测值及其照准点信息，从而确定方向观测值与测站、照准点的联系。同样的，根据 ns（i）数组保存的信息，程序可获取边长观测值与控制点间的联系信息。

（5）ym（）保存已知点点名，dm（）保存全部控制点点名（包括已知点）。点名是一个控制点的唯一标识，可以用汉字、字符、数字，或者三者组合表示。平差程序不能直接处理点名，必须给每个控制点设置一个唯一的数字编号。为了计算机处理方便，编号应该是连续整数，习惯上称为点号。在示例程序中，是将 ym（），dm（）数组的下标作为点号，这样点名和点号一一对应，便于查询、处理。

（6）nx（）保存法方程系数；ux（）保存法方程常数。

（7）qd（），zd（）分别保存高差观测值起点点名、终点点名；dh（），ls（）分别保存高差观测值、路线长度；h（）保存高程平差值。

（8）nb（），nc（），m（20）都是工作数据，用于临时保存一些中间计算成果。其中 nb（）先后用于保存误差方程系数、法方程常数约化值、法方程的解、点位中误差等。nc（）用于临时保存和方程系数，使用完毕后删除。m（20）先后用于保存逗号分隔符在字符串中的位置，已知点在 dm（）数组中的对应编号等。

（9）数组 E（），F（），A（），分别保存误差椭圆长半轴、短半轴、长轴方位角。

3. 单变量

（1）ma，ms，mk 保存观测值先验精度指标。

（2）zds，yds，cds，ws，r 保存控制网总点数、已知点数、测站数、未知参数数目、多余观测数。

（3）Fname 是字符型变量保存文件名及其路径，pi 是常量保存 π 值。

3.5 数据读入

3.5.1 概 述

录入数据格式确定后的工作，是在分析数据编排格式特点的基础上，设计读入数据的方法。程序读入数据文件是经过分解、判读、统计的过程，将各类信息分别保存在设计的储存变量中。显然读入方法是多样的，复杂程度也因方法不同而异，设计目标应是力求简单易懂。

3.5.2 高程控制网数据读入

读入数据的基本方法是以公共对话框控件，通过窗口内鼠标点击操作获取数据文件名及路径。使用对象型变量"fso"打开文件并获取其内存地址（句柄），将句柄赋值给文本文件对象型变量"ts"后，即可对文件进行逐行读取。

示例程序高程平差数据只有两种格式，已知数据由一个逗号将一行字符分隔为两个字符串；观测值由三个逗号将一行字符分隔为四个字符串。录入数据的方法是，根据一行中是否只有一个逗号，首先判断读到的是已知高程还是观测数据，然后再以逗号为分隔符，将已知数据或观测信息提取保存。

读入一行字符，提取两个逗号之间字符串的主要代码如下：

```
CommonDialog1.ShowOpen ' 启动公共对话框控件
fname = CommonDialog1.FileName ' 将在"打开"对话框中选择的文件名赋给字符变量 fname
Set ts = fso.OpenTextFile(fname) ' 将 fname 作为文本文件打开,并将句柄赋值给文本文件对象
' 型变量 ts
n = 0 ' 观测值计数变量赋初始值
Do While Not ts.AtEndOfStream ' 前测型不计次循环, 结束条件是读到文件结尾
    B = ts.ReadLine ' 逐行读取文件并置入变量 B, 对数组变量 m() 下标赋初始值
    If B <> "" Then
        i = 0: B = Trim(B) ' 删除字符串 B 中可能有的前导和尾随空格
        B = Trim(B)
        B = Replace(B, Chr(32),"") ' 删除 B 中间可能有空格
        B = LCase(B) ' 同一点名分别作为起点和终点可能会多次出现,加此语句可不限字母大小写
        Do ' 后测不计次循环
            i = i + 1
            m(i) = InStr(m(i - 1) + 1, B, ",") ' 从指定位置起, 查找 B 中逗号左数位置, 存入
            ' 数组变量 m()
```

```
        If m(i) <> 0 Then tr(i) = Mid(B, m(i - 1) + 1, m(i) - m(i - 1) - 1) ' 假如查到
        ' 一个逗号，就提取该逗号前的字符串，存入数组变量 tr()
    Loop While m(i) <> 0 ' Do... Loop 循环结束条件是 B 行逗号已搜索完
    tr(i) = Right(b, Len(B) - m(i - 1)) ' 退出循环后，提取 B 中最后一个字符串。通过以
    ' 上程序语句，已将一行字符中以逗号分隔的各个字符串提出，暂时储存在过程级数组变量
    ' tr()中。以下是判别数组变量 tr(i)中的字符的类型，分类存放到点名、高程值、起点点名、
    ' 终点点名、观测高差、路线长度等数组变量中
    If m(2) = 0 Then ' 行中只有一个逗号，读到的是已知高程数据
        yds = yds + 1
        ReDim Preserve dm(yds)
        dm(yds) = tr(1)
        ReDim Preserve h(yds)
        h(yds) = Val(tr(2)) ' 行中只有一个逗号,说明读到已知高程了，将储存点名和高程
        ' 的数组容量扩大一位，存入已知点名和已知高程值
    Else ' 读到的行是观测值信息，以下将对应的数组变量容量扩大一位，存入观测值信息
        n = n + 1 ' n 是观测值计数变量，循环结束后 n 就是观测值总数
        ReDim Preserve qd(n)
        qd(n) = tr(1) ' 存入起点点名
        ReDim Preserve zd(n)
        zd(n) = tr(2) ' 存入终点点名
        ReDim Preserve dh(n)
        dh(n) = Val(tr(3)) ' 存入高差观测值
        ReDim Preserve ls(n)
        ls(n) = Val(tr(4)) ' 存入路线长度
    End If
  End If
Loop ' 逐行读入数据不计次循环结束符
```

Do While...Loop 循环结束后，高程平差已知数据和观测数据已经全部录入，接着需要建立点名数组 dm（），将全部高程控制点名不重复、不遗漏地保存在 dm（）中。由于已知点名已经录入 dm（）中，所以只需要在数组 qd（）和 zd（）中搜索待定点名录入 dm（）。

高程控制点名出现在 qd（）或 zd（）数组中的次数，等于和该点连接的高差观测值数。只与一个高差观测值连接的点，点名在观测信息中只出现一次，既可能出现在 qd（）数组；也可能出现在 zd（）数组中。所以为了防止漏掉只与一个高差观测值连接的待定点，就需要同时搜索 qd（）和 zd（）数组，从中提取其点名建立 dm（）数组。搜索建立点名数组的程序语句为：

```
zds = yds ' 总点数统计以已知点数 yds 为起点
For i = 1 To n ' 按观测值编号循环
    p1 = 0: p2 = 0 ' 设置识别变量初始值
```

```
For j = 1 To zds ' zds初始值是已知点数，随后是保存在 dm()数组中的点数，搜索结束后
' 是总点数
    If dm(j) = qd(i) Then p1 = 1 ' 将 qd()中保存的点名依次与已存入 dm()中的点名对
    ' 比,相等则对识别变量 p1 赋值 1
    If dm(j) = zd(i) Then p2 = 1
Next j ' 若 p1=0（或 p2=0),表明 dm()中没有 qd(i) 点（或 zd(i)点),应将其存入 dm()
If p1 = 0 Then
    zds = zds+ 1
    ReDim Preserve dm(zds)
    dm(zds) = qd(i)
End If
If p2 = 0 Then
    zds = zds+ 1
    ReDim Preserve dm(zds)
    dm(zds) = zd(i)
End If
Next i
```

3.5.3 平面控制网数据读入

和高程控制网数据格式一样，示例程序平面控制网数据格式也是只有两种。测站名单独占一行，行中没有逗号。先验精度信息、已知点信息、观测值信息，行中均包含两个逗号，将一行数据分隔成三个字符串。由于存在逗号的行有三种不同类型的数据，要分类提取并储存信息，程序必须首先识别出读到的数据行类型。

识别数据行类型的方法多样，例如一种方法是从数据的特点着手，如第二个字符串若是"L"或"S"，该行就是观测值信息，反之就是先验精度信息或已知点信息。区别后两者，可以根据字符串长度来识别，先验精度信息行中三个字符串都是单字符，与已知点信息长度差距明显。另一种方法是由数据文件中三种数据行的位置着手，如先验精度信息是数据文件的第一行，并且只有一行。随之出现的即是已知数据信息。已知数据信息的行数等于已知点数，随着控制网不同而异，但是测站信息就是其结束的标志。

两种方法中后者相对简单，因而示例程序采用了根据数据排列顺序着手的方案，主要程序语句如下：

```
k = 0:j = 0:p = 0 ' k 是已知点计数变量，j 是测站计数变量，p 是字符行数据类型标识变量。这些变
' 量初始值本为 0，在这里赋初值 0，更多的是出于便于理解的目的
Do While Not ts.AtEndOfStream ' 循环条件是没有到文件结尾
    Rows = Rows + 1 ' 数据文件行数记数
    B = ts.ReadLine ' 逐行读取数据
```

```
If B <> "" Then
   B = Trim(B) ' 删除 B 中可能存在的前导和尾随空格
   b = Replace(B,Chr(32),"") ' 删除 B 中间可能存在的空格
   B = Replace(B,",",",") ' 统一逗号格式
   B = LCase(B) ' 点名可能包含字母, 在这里统一将大写字母转为小写, 可使观测数据录入
' 时, 不要求区分字母大小写
comma = Len(B) - Len(Replace(B,",","")) ' 统计 1 行中逗号的数量
If comma = 0 And p = 0 Then MsgBox ' "数据第一行格式不对,请检查": End 第一行数据
' 格式不对,通常是读错文件
If comma > 0 And comma <> 2 Then MsgBox ' "数据第" & Rows & "行格式不对,请检查": End
'除了测站外, 每一行中应有两个逗号, 有逗号但数目不等于 2, 则改行数据有问题
m(1) = InStr(B,",") ' 查 B 行中第一个逗号的左数位置,并保存在数组变量 m(1) 中
If m(1) <> 0 Then ' 字符串中有逗号,下面提取逗号分隔的三个字符串
      tr(1) = Mid(B,1,m(1) - 1) ' 提取从指定位置 1 开始的指定数目字符
      m(2) = InStr(m(1) + 1,B,",") ' 查找下一个逗号的位置
      tr(2) = Mid(B,m(1) + 1,m(2) - m(1) - 1)
      tr(3) = Right(B,Len(B) - m(2)) ' 以从字符串右边起, 提取指定数目字符的方法,
' 提取 B 行中最后一个字符串
      If p = 0 Then ' 识别变量 p 的初始值为 0, 表示读到的是第一行
          ma = Val(tr(1))
          ms = Val(tr(2))
          mk = Val(tr(3)) ' 保存先验精度指标
          p = 1 '改变 p 值使上面语句不能再次执行
      Else ' 行中有逗号但 p<>0, 说明不是第一行, 而是已知点或者观测值信息, 两者同样以
' p 值区分
          If p = 1 Then '读到的是已知点坐标行, 将已知坐标存入相应的数组
              k = k + 1 ' 读到一个已知点, 对已知点计数变量 k 递增 1
              ReDim Preserve ym(k)
              ym(k) = tr(1) ' 存已知点名
              ReDim Preserve xo(k)
              xo(k) = Val(tr(2)) ' 存已知点 x 坐标
              ReDim Preserve yo(k)
              yo(k) = Val(tr(3)) ' 存已知点 y 坐标
          Else ' p = 2 读到的是观测值行, 下面根据识别符作相应处理
              If tr(2) = "l" Then ' 读到方向观测值
                  nl(j) = nl(j) + 1 ' 测站 j 最大方向号值递增 1
                  ReDim Preserve lb(nl(j))
                  lb(nl(j)) = tr(1) ' 存照准点名
                  ReDim Preserve l(nl(j))
                  l(nl(j)) = Val(tr(3)) ' 存方向值。
```

```
            Else ' tr(2) = "s" ' 读到的是边长观测值
                ns(j) = ns(j) + 1 ' 测站 j 最大边长号值递增 1
                ReDim Preserve sb(ns(j))
                sb(ns(j)) = tr(1) ' 存照准点名
                ReDim Preserve s(ns(j))
                s(ns(j)) = Val(tr(3)) ' 存观测边
            End If
        End If
    End If
    Else ' 行中没有逗号，说明读到了测站，执行以下语句
        j = j + 1 ' 读到一个测站，对测站计数变量 j 递增 1
        ReDim Preserve dm(j)
        dm(j) = B ' 将测站名计入点名数组
        ReDim Preserve nl(j)
        nl(j) = nl(j - 1) ' 将上一测站的最大方向值号，作为本测站最大方向值号变量
        ' nl(j)的初始值
        ReDim Preserve ns(j)
        ns(j) = ns(j - 1) ' 对 ns(j)数组变量赋初始值
        p = 2 '读到第一个测站后，表明已知点数据已经结束，对字符行标识变量 p 赋值 2,
        ' 使处理已知点信息的语句不能再执行
    End If
  End If
Loop
cds = j: yds = k ' 用模块级变量 cds,yds 保存测站点总数、已知点总数
```

Do While…Loop 循环结束后，即已经完成了已知点信息、观测值信息的提取和保存。测站数、已知点数、各个测站最大方向值号、最大边长号等信息，也在数据读入过程中统计出来并保存在相应变量中，其中最后一个测站的最大方向值号（nl（cds））和最大边长值号（ns（cds）），分别就是方向观测值和边长观测值的总数。但是点名数组 dm（ ）中只录入了测站，没有设站的控制点尚未录入。这些点可能是通过一条导线边和控制网连接的已知点或待定点，也可能是前方方向交会点，或者是前方边长交会点。因此，未设站的控制点既可能在方向观测值照准点名数组中，也可能在边长观测值照准点名数组中。

作为通用平差程序，要适用于导线网（边角网）、三角网、三边网及各种边角交会图形的混合控制网型，需要分别对 lb（ ）、sb（ ）数组进行查询，找出未设过测站的控制点，将其点名加入点名数组 dm（ ）。完成这一工作的程序语句如下：

```
d = cds ' 对 dm()数组容量变量 d 赋初始值 cds（测站数）
For i = 1 To nl(cds) ' 按方向值号循环。若控制网没有方向观测值（三边网），则循环不执行
    p = 0 ' 对识别变量 p 赋初始值 0
    For j = 1 To d ' 依次访问 dm()数组中全部点
```

```
        If dm(j) = lb(i) Then p = 1 ' 查看方向观测值照准点是否已录入 dm()数组，是则对识
        ' 别变量 p 赋值 1
    Next j
    If p = 0 Then d = d + 1: ReDim Preserve dm(d): dm(d) = lb(i) ' p=0，表明方向观测
    ' 值照准点未录入点名数组 dm()。d 值递增 1，将该点名赋给 dm(d)
Next i
For i = 1 To ns(cds) ' 按边长观测值号循环。若控制网没有边长观测值（三角网）时，循环不
' 执行
    p = 0 ' 设识别变量并赋初始值 0
    For j = 1 To d ' 依次访问 dm()数组中全部点
        If dm(j) = sb(i) Then p = 1
    Next j
    If p = 0 Then d = d + 1: ReDim Preserve dm(d): dm(d) = sb(i) ' 如 p=0，表明边长
    ' 观测值照准点未录入点名数组 dm()。d 值递增 1，将该点名赋给 dm(d)
Next i
zds = d ' 将总点数存入模块级变量 zds。
```

3.6 近似坐标计算

3.6.1 概　述

测量平差的数学基础是线性代数，误差方程是线性方程。导线或三角网形式的传统平面控制网，观测值方程是非线性的，因此必须将其线性化，才能得到误差方程。观测值方程线性化方法，是将其以泰勒级数展开取至一次项，而求得了平面控制网待定点的近似坐标，即可将观测值方程在近似坐标处展开为泰勒级数。

求平面控制网待定点近似坐标是通用测量平差程序设计的难点，也是关系程序可靠性的核心问题。平面控制网的网型结构复杂多样，设计程序算法时很难预测到全部可能性，而当一种未曾料想到的情况出现时，就可能导致计算失败。加之近似坐标推算和推算路线有关，推算路线又取决于数据录入顺序。为方便用户使用，通用程序往往不对数据录入顺序做出限制，所以情况就更加复杂。

传统平面控制网的基本结构为导线网、三角网、三边网、边角同测三角网、方向或边长交会图形，以及上述基本图形的任意组合网。本小节首先介绍单纯导线网（边角同测三角网），三角网、三边网近似坐标计算的程序设计问题，然后在此基础上阐述任意组合网近似坐标推算与程序实现方法。

3.6.2　导线网近似坐标计算

1. 计算方法

导线网网型结构、已知点数量和分布复杂多样，难以一一列举，但从坐标推算的角度来，可以分为两种情况：

（1）至少有一对已知点通视。

（2）已知点均不通视。

通用测量平差程序必须适应这两种情况，由于后一种情况不能直接由已知点推算待定点坐标，所以简便可行的算法是：

（1）先假定任意一点坐标和这一点所观测的某一方向的坐标方位角，计算出一个照准点假设坐标。

（2）以这一对控制点假设坐标为起算值，作测站、方向二重循环，依次推算其余点的假定坐标，具体步骤为：

① 若测站假设坐标已解算，则在测站上按方向循环，搜索已解算出假设坐标的照准点，反算这一方向坐标方位角。若测站坐标没有算出，则循环到下一测站。

② 根据已知坐标方位角和方向观测值，推算未解算出假设坐标的照准点方向坐标方位角，调取该方向边长观测值，按坐标增量公式求照准点假设坐标

③ 一个测站处理完毕后，循环到下一个测站，重复步骤①~②，直至全部点假设坐标解算完毕。

（3）利用一对已知点的实际坐标和假定坐标所包含的坐标转换信息，对全部假定坐标进行平移、旋转、缩放变换，将其转换为近似坐标。

出于方便用户的考虑，程序对数据录入顺序不设限制。导线网坐标推算是按照数据录入的次序进行的，控制点数量较多、网型结构复杂的导线网，可能一个循环内不能完成全部点的坐标推算，为此假设坐标推算要多次进行。一般而言，几个循环内即可推算出全部控制点的假定坐标（包括已知点）。

2. 方位角推算

设导线网坐标推算从已知点 A 开始，通过 A 点上的已知方位角和观测方向值，推算出到待定点 P 的坐标方位角 α_{AP} 后，即可按式 $x_P = x_A + s_{AP} \cos \alpha_{AP}$，$y_P = y_A + s_{AP} \sin \alpha_{AP}$ 计算出 P 点坐标。

在 A 点上依次推算所有观测方向待定点坐标，推算完毕后再转到下一个已知点上继续进行，直至计算出全部控制点坐标。

设测站 A 坐标已知，A 有 B、C、D 三个观测方向，方向值分别是 L_0、L_1、L_2，其中 C 点坐标已知，A 至 C 点坐标方位角为 α_{AC}。由图 3.2 可见，坐标方位角 α_{AB}、α_{AD} 的计算公式为：$\alpha_{AB} = \alpha_{AC} + L_0 - L_1$，$\alpha_{AD} = \alpha_{AC} + L_2 - L_1$，由此可以归纳为：已知方位角 + 推算方向的方向观测值 - 已知方位角方向的方向观测值。显然推算的方位角可能出现负值（如 α_{AB}），若出现这种情况要对计算值加 2π。

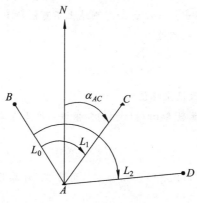

图 3.2　方位角推算

3. 坐标转换

设有已知点 a、b，已知坐标和假设坐标分别为 (x_a,y_a)，(x_b,y_b) 和 (x'_a,y'_a)，(x'_b,y'_b)；边长 s_{ab} 的真实与假设坐标方位角和长度分别为：α_{ab}，s_{ab} 和 α'_{ab}，s'_{ab}。将假设坐标转换为近似坐标的步骤为：

（1）求旋转角：

$$\theta = \alpha_{ab} - \alpha'_{ab} \tag{3-1}$$

（2）求尺度参数：

$$k = s_{ab} / s'_{ab} \tag{3-2}$$

（3）坐标转换：

$$\left.\begin{array}{l} x_i = x_a + k(x'_i - x'_a)\cos\theta - k(y'_i - y'_a)\sin\theta \\ y_i = y_a + k(y'_i - y'_a)\cos\theta + k(x'_i - x'_a)\sin\theta \end{array}\right\} \tag{3-3}$$

对于上述坐标转换方法，在此需要作两点说明：

① 导线网假设坐标推算是采用的实测边长，因而坐标转换本可不设尺度参数，这里设置尺度参数是为使坐标转换函数，也可适用于三角网假设坐标转换。

② 旋转角 θ 对应的旋转中心是已知点 a 假设坐标表示的位置，因此应用平面坐标转换公式时，先要将控制点假设坐标转换为以 a 点假设坐标为坐标原点的相对坐标。

4. 程序代码

```
...
ReDim x(zds), y(zds) ' 确定坐标数组大小
For j= 1 To nl(1) ' 在第一个测站上，按方向观测值号循环
  ss = Sid(1,j) ' 调自定义函数 Sid(i,j)，查询第一个测站各方向的观测边。函数中参数 i、j
  ' 分别测站号和方向值号
  If ss <> 0 Then Exit For ' 查到观测边长即退出循环，没有查到则到下一观测方向查询。采
  ' 用循环是因为若第一个测站是已知点，第一个方向照准点又是已知点，会导致调不出观测边，
```

```
'  使第二个点假设坐标计算不出。一个已知点测站上不可能所有观测方向照准点都是已知点，
'  所以测站 1 上，一定能调出观测边
Next j
x(1) = 1000000
y(1) = 1000000 ' 对测站 1 赋假设坐标值
k = Seqn(lb(j)) ' 调用自定义函数 Seqn(string)，根据照准点点名 lb(j)，查询照准点号。函数
'  中参数 string 是控制点点名
x(k) = x(1) + ss * Cos(0)
y(k) = y(1) + ss * Sin(0) ' 假设 j 方向坐标方位角为 0，计算照准点假设坐标
n = 0
Do ' 坐标推算只按测站循环一次，一般不能推算出全部点坐标，所以要进行循环
    n = n + 1 'n 是循环计数变量，控制循环次数，避免假定坐标推算不出时进入死循环
    For i = 1 To cds ' 按测站数循环
        If x(i) <> 0 Then ' 在测站坐标已计算出的前提下，才能求照准点坐标
            p = 0:d = 0 ' 变量 p 记录已知方位角所在方向值编号，变量 d 统计未算出坐标之照准
            '  点数，这里赋值为 0 是方便阅读理解
            For j = nl(i - 1) + 1 To nl(i) '按 i 测站方向号循环，查找坐标已解算出的照准点，
            '  求坐标方位角；查找没有解算出的照准点，记下方向号
                k = Seqn(lb(j)) ' 查询 j 方向照准目标点的点号
                If x(k) <> 0 Then ' j 方向照准目标点坐标已解出
                    dx = x(k) - x(i)
                    dy = y(k) - y(i)
                    t = Azimuth(dx, dy): p = j ' 反算方位角 $\alpha_{ik}$ 并以 p 记下所在方向值编号 j
                Else
                    d = d+1:m(d) = j ' 用 d 累计未算出坐标之照准点数，m( ) 记下所在方向号
                End If
            Next j
            For j = 1 To d ' 求未解算照准点坐标，d = 0 则循环不执行
                k = Seqn(lb(m(j))) ' 查询未解算出坐标之照准点点号
                tt = t + l(m(j)) - l(p) ' 计算 m(j) 方向的坐标方位角
                ss = Sid(i, m(j)) ' 调用自定义函数，查找 m(j) 方向观测边长
                If ss = 0 Then ss = Side(i, k) ' 查不到观测边，或者是没有测这条边，或者
                ' 是 i、k 点有都是已知点。自定义函数 Side() 按已知坐标反算边长，如果 i、k 中
                ' 至少有一个不是已知点，返回值 ss 仍然为 0
                If ss <> 0 Then x(k) = x(i) + ss * Cos(tt): y(k) = y(i) + ss * Sin(tt)
                ' 必须确定 ss<>0，才能按坐标增量公式计算照准点坐标，否则会造成计算错误
            Next j
        End If
    Next i
    p = 0
```

```
    For k = 1 To zds ' 按总点数循环
      If x(k) = 0 Then p = 1 ' 查看是否还有没解算出坐标的点，有则对 p 赋值进入循环再次
        搜索计算
    Next k
Loop Until p = 0 Or n > cds ' 坐标已全部算出或虽还有未算出的，但根据循环次数已不能算出
 时结束循环。
```

当解算出全部控制点假设坐标后，下一步工作就是将假设坐标转换为近似坐标。为此首先要确定任意一对已知点在数组 dm（）中的点号，提取对应的假设坐标，才能结合已知坐标计算平面坐标转换参数完成坐标转换工作。这一部分工作程序语句如下：

```
For i = 1 To yds ' 按已知点数循环，查点名数组 dm()中那些点是已知点,用 m()数组存其点号
  For j = 1 To zds ' 按控制点数循环，循环变量j就是dm()中点号
    If ym(i) = dm(j) Then m(i) = j ' 点名和已知点名相同，则用数组变量 m(i)记下点号 j
  Next j
Next i
Call Transformation ' 调通用过程将假设坐标转为近似坐标
```

3.6.3　三角网近似坐标计算

1. 计算方法

在光电测距和卫星定位测量技术广泛应用之前，三角网一直是控制测量的主要网型结构。在当前测量新技术飞速发展的条件下，三角网由于存在观测工作量大、通视条件难以满足的固有缺陷，在大范围控制测量中已经不再采用。但是三角网具有控制面积大，约束条件多，可靠性高，精度高的优势，因而在精密工程控制测量领域仍有应用价值。

三角网分为测角三角网、测边三角网、边角同测三角网三种类型。测边三角网一般简称为三边网，其近似坐标计算方法将在下一小节讨论。边角同测三角网近似坐标可以按导线网方法计算不在此阐述，因此本小节所讨论的三角网是指单纯测角三角网。

按照已知点在控制网中的分布划分，三角网也可以分为两种情况：

（1）至少有一对相互通视的已知点。

（2）已知点之间均不通视。

对于前一种情况，可以直接从已知点起算，依次推算待定点近似坐标，而后一种情况，则不能进行这样的推算。如前所述，通用测量平差程序必须要顾及各种可能出现的情况，所以近似坐标计算思路和导线网一样，首先是对任意两个相邻并通视的控制点设置假设坐标，然后以这两个点为起算点，依次推算全部点（包括已知点）的假设坐标。假设坐标推算完毕后，再根据任意一对已知点两套坐标所包含的坐标转换信息，对控制点假设坐标进行平移、旋转、缩放变换，将其转换为实际坐标系统下的近似坐标。

测角三角网坐标计算首先要组成三角形，然后在三角形两个顶点假设坐标已算出的基础

上，解算待定顶点假设坐标。计算步骤是作测站、方向二重循环，逐测站、逐方向地组三角形并解算假设坐标，具体步骤如下：

（1）按测站循环。

（2）在测站上按方向循环，设方向循环变量为 i，依次查询方向值 i 和 $i+1$ 的照准点名。若 i 已是该测站的最大方向号，则令 $i+1$ 为该测站的零方向编号。例如在图 3.3 所示的三角网，在 $N2$ 点上查询到方向值 4、5 照准点名分别是 $N6$ 和 $N10$，设方向值以 Li 表示，则三角形顶点 $N2$ 夹角值为方向值 L5-L4。

（3）在 $N6$ 测站上按方向循环，查询到有照准 $N10$、$N2$ 点的方向值编号分别为 21、19，因此三角形顶点 $N6$ 夹角值为 L19-L21。由图 3.3 可见，方向值 L19 是零方向，因而计算出的夹角是负值，出现这种情况要对负的夹角加 2π。

（4）在 $N10$ 点上按方向循环，查询到有照准点 $N2$、$N6$ 的方向值编号分别为 37、38，求的三角形顶点 $N10$ 夹角值为 L38-L37。

（5）经过步骤（2）～（4），组成顶点为 $N2$、$N6$、$N10$ 的三角形。查询三个顶点假设坐标是否已算出。若只有一个顶点假设坐标没有算出，则可调用三角形计算公式求待定点坐标。

（6）若三角形不能组成，或者虽然组成了三角形，但是不满足三个顶点中只有一个假设坐标未算出的条件，方向值循环到下一方向，重复步骤（2）～（5）。

（7）一个测站方向值循环完毕，测站循环到下一测站，重复步骤（2）～（6），直至测站循环完毕。

（8）和导线网假设坐标计算一样，对于结构复杂的三角网，一次测站循环可能不能完成全部点假设坐标计算。若循环完毕后经过查询仍有控制点假设坐标未算出，则需要多次重复步骤（1）～（7）。直至全部控制点假设坐标解算完毕，或者虽然仍有控制点未算出，但循环次数已达设定次数，继续循环已无意义为止。

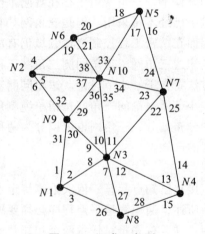

图 3.3　组成三角形

三角形坐标推算采用的算法是前方交会坐标计算方法。如图 3.4 所示，点 A、B 坐标已解算出，P 是待定点，观测角为 α、β，点 A、B、P 按逆时针排列，前方交会计算待定点 P 的公式为：

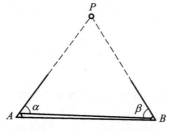

图 3.4　前方交会坐标计算

$$
\left.\begin{aligned}
x_P &= \frac{x_A \cot\beta + x_B \cot\alpha + (y_B - y_A)}{\cot\alpha + \cot\beta} \\
y_P &= \frac{y_A \cot\beta + y_B \cot\alpha + (x_A - x_B)}{\cot\alpha + \cot\beta}
\end{aligned}\right\}
$$

（3-4）

前方交会仅仅观测夹角 α、β 而没有多余观测，因而没有检核条件。在此基础上 P 点坐标的解并不唯一，所以点 A、B、P 逆时针排列是必需的，否则就会得到一个错误解。三角网近似坐标推算路线和起算点位置、网型结构、观测数据录入顺序等诸多因素有关而无法预测，推算过程中如何保证三角形顶点的正确排列，是平差程序设计中的一个难点。为保证三角形顶点的逆时针排列，方向观测值录入顺序必须以测站为序，按方向值大小依次录入，否则就会造成计算错误。

2. 程序代码

```
...
dim dh(3) as integer, jd(3) As Double ' dh()、jd()数组用于保存三角形顶点点号和对应的夹角
k = Seqn(lb(1)) ' 查询第一方向观测值照准点点号
x(1) = 1000000: y(1) = 1000000: x(k) = 1002000: y(k) = 1002000 ' 给第一个测站和第一
' 个观测方向照准点赋假设坐标
n = 0
Do
 n = n + 1
 For i = 1 To cds
   dh(1) = i ' 用dh(1)保存测站点号
   k1 = nl(i - 1) + 1
   k2 = nl(i) ' k1、k2分别是i测站最小和最大方向值号
   For j = k1 To k2 ' 在测站i上按观测方向数循环，循环变量j是方向值编号
     p = 0: redim jd(3) ' 每组一个新三角形前，对夹角储存数据jd()清零。
     k3 = j + 1: If j = K2 Then k3 = K1 ' k3是方向号j后顺时针方向的下一个方向值
     ' 编号。当j是最后一个方向值时，k3取零方向值编号K1
     dh(2) = Seqn(lb(j))
     dh(3) = Seqn(lb(k3)) ' dh(2)、dh(3)是测站i上两个相邻方向值照准点点号,由dh(2)
     ' 沿顺时针方向旋转到dh(3),两点分别对应图3.3中B,A点
     If k3 = K1 Then ' 分两种情况计算三角形三个顶点中测站点i的夹角
```

```
        jd(1) = 2 * pi - l(j) ' 零方向的方向值为 0, 以 2π来减最后一个方向值
    Else
        jd(1) = l(k3) - l(j) ' 后一个方向值减前一个得到夹角值
    End If
    For k = 1 To 3 ' 循环目的是依次调三角形三个顶点
        If x(dh(k)) <> 0 Then p = p + 1 '查询并统计已算出三角形顶点数
    Next k
        If p = 2 And jd(1)< pi Then Call Cotangent(dh(), ja) '三角形三个顶点中有两
        ' 个已解算出, 即可用前方交会公式试算另一个点坐标。方向观测时零方向选择是任
        ' 意的, 数据录入按实际情况录入。如图 3.5 所示三角网, 求三角形顶点夹角时, 除点
        ' N3、N9、N10 外, 都会得到大于π的夹角。夹角大于π不能组成三角形, 所以要排除
        ' 这种情况
    Next j
Next i
p = 0
For k = 1 To zds
    If x(k) = 0 Then p = 1 ' 查看是否还有没解算出坐标的点,有则对 p 赋值进入循环再次
        ' 搜索计算
Next k
Loop Until p = 0 Or n > cds ' 坐标已全部算出或虽还有未算出的, 但根据循环次数已不能算出
' 时结束循环
For i = 1 To yds ' 按已知点数循环, 查询已知点在 dm()数组中的点号
    For j = 1 To zds ' 按总点数循环
        If ym(i) = dm(j) Then m(i) = j ' 将 dm()中的点名依次和已知点名对比, 相等则记下点号
    Next j
Next i
Call Transformation ' 调通用过程将假设坐标转为近似坐标。
```

3.6.4　三边网近似坐标计算

1. 推算步骤及数据编排规则

　　测边三角网坐标推算和测角三角网类似, 也是首先要组成三角形, 然后按三角形公式解算未知顶点坐标, 而且和测角三角形一样, 已知点 *A*、*B* 和待定点 *P* 必须逆时针排列。三边网观测值是单向水平边长, 相对于三角网可根据方向值的大小, 识别同一测站方向值间的方位关系, 边长观测值没有任何方位信息, 因而确定三角形顶点 *A*、*B*、*P* 逆时针排列是一个复杂而困难的问题。

　　测量平差程序数据录入编排格式规则越简单, 用户使用就越方便, 但缺点是会使程序

复杂化，影响其可靠性和可读性，甚至可能导致坐标推算失败。而对数据录入格式编排作较严格的规范，固然会使得程序简单化，然而也会因程序使用不便而降低其实用性。平差程序智能化高、使用方便性和其可靠性、可读性本身就是一对矛盾，不可能同时做到最优。因而设计应秉承的原则是权衡利弊，在首先确保程序计算可靠性的基础上，再来减少数据录入的限制。

如图 3.5 所示顶点分别为 1，2，3 的测边三角形，一条观测边只能在两个端点中的一个录入，如果不做出限制规定，就可能出现图（a）所示的情况：三条边分别录入在三个测站上。在这种情况下，虽然可以在 1 号点上查询到观测边照准点是 3 号点，再从 3 号点的所有照准点上，或者以 3 号点为照准点的测站上，依次查询有无观测边照准点为 1 号点。按照这样的搜索程序，可以组成顶点为 1，2，3 号点的测边三角形，但是无法保证三角形顶点逆时针排列的关系。

就图 3.5（a）所示的情况，确定顶点的逆时针排列顺序并非易事，而与其设计复杂的识别方法解决这个问题，则不如对边长录入设定如下限制：

（1）观测边两个端点都是待定点时，一律记录在两端点中点号较小的测站上；若两个端点中有一个是已知点时，则录入在待定点上。由于测站点号是计算机按读入顺序自动分配的，所以要满足这一要求，实际操作中只要做到在待定点测站上录入观测边数据，并且要录完连接此测站的全部观测边，后续的测站不再重复录入即可。

（2）在一个测站上，观测边依顺时针排列录入。前一条边顺时针旋转到下一条边，必须是能构成三角形的两条边，不能出现图 3.6 中测站 sb4 上，顺时针排列的 6、7 两条观测边，不能在夹角小于 2π 的方向构成三角形的情况。

按此上述规则重新编排数据如图 3.5（b）所示，则组三角形算法简单，也不难确定三角形顶点的逆时针排列关系。另外从此例可见，一个测边三角形三条边，两条边录入在同一个顶点，顺时针构成三角形两条边是确定顶点逆时针排列的关键。

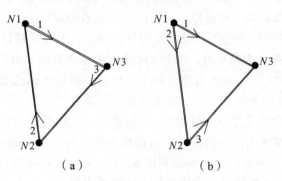

（a）   （b）

图 3.5　测边三角形组成

对于图 3.6 所示的测边三角控制网，数据录入编排如图上所标注。三角边上的数字表示观测边的全网统一编号，数字靠近哪一个测站点，就表明观测边是录入在哪一个测站下的。下面即以此未严格按规则编排数据的三边网为例，阐述近似坐标推算方法及遇到的问题。

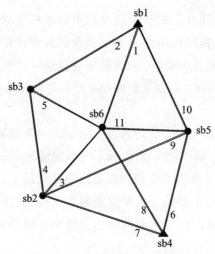

图 3.6　三边网数据编排 A

① 设置第一个点 sb1 的假设坐标，并假设第一条观测边方向的坐标方位角，以观测边计算照准点 sb6 的假设坐标。

② 依次从测站 sb1 到 sb6，按测站循环组测边三角形。在 sb1 点上边长观测值 1、2 顺时针排列，并且边 1、2 构成三角形的两条边。平差程序调取观测边 1、2，并查询到对应的照准点名为 sb6 和 sb3。

③ 转到测站 sb6 上查询有无照准点名为 sb3 的观测边，如没有则再转到测站 sb3 上，查询有无照准点为 sb6 的观测边。若点 sb6 和 sb3 之间有观测边，则顶点为 sb1，sb3，sb6 的三角形正确组成，可以根据测边三角形计算出点 sb3 的假设坐标。

④ 若没有查到点 sb6 和 sb3 之间的观测边，应再进一步查询 sb6 和 sb3 是否都是已知点。若是，则两点间没有观测边，可根据已知坐标反算边长组成三角形；若不是，则三角形不能组成。

⑤ 在测站 sb2 重复上述步骤，可以组成顶点为 sb2，sb3，sb6 的三角形，但是点 sb2 上观测边 3、4 是逆时针排列的。平差程序不能识别观测边的方位关系。若程序设定观测边号顺时针排列，则三角形顶点排列会不正确，从而导致 sb2 点坐标计算错误。

⑥ 测站 sb3 上只有一条观测边，即使通过搜索能建立测边三角形，也无法确定三角形顶点的逆时针排列。事实上，与 sb3 有关的两个三角形，顶点坐标已全部算出。程序在组成三角形后，查询到顶点坐标全部算出，会退出三角形解算并循环到下一测站。

⑦ 测站 sb4 上观测边号是顺时针排列的，但是边长 6 顺时针旋转到边长 7 之间的夹角大于 2π。程序不能识别观测边的方位关系，按照组三角形的规则，能够组成顶点为 sb4，sb2，sb5 的三角形。在这个三角形中，边长观测值 6、7 成为逆时针排列，与程序中观测边顺时针排列的设定相反，所以三角形顶点排列次序不正确。当然在顶点为 sb4，sb2，sb5 的三角形中，只有 sb2 一个点假设坐标已算出（计算错误），三角形实际上不能解算。

观测边 7 顺时针旋转到观测边 8，构成三角形的两条边，因而顶点为 sb4，sb6，sb2 的三角形正确组成，但是由于点 sb2 假设坐标计算错误，所以点 sb4 假设坐标计算也是错误的。

⑧ 在 sb5 上观测边 9、10 不构成一个三角形的两条边，虽然观测边 9 和 10，分别可以通过搜索组成分别以（sb5，sb6，sb2）、（sb5，sb6，sb1）、（sb5，sb4，sb2）为顶点的三个

三角形，但是如前所述，不能确定三角形顶点的逆时针排列关系，因而不能保证顶点 sb5 假设坐标被正确解算。

通过图 3.6 所示实例分析可见，要组成测边三角形，并确定顶点的逆时针排列关系，对三边网平差数据编排作严格规定是必要的。不遵守这些规定难以保障三角形顶点的逆时针排列。对于不严格按照规定编排数据出现的问题，通过程序设计来解决不是一件容易的事。即使能够找出处理办法，也会使程序变得非常复杂，因而也是不必要的。

若严格按照前述观测值编排规则，将图 3.6 中三边网观测数据重新编排如图 3.7 所示，则测站仅循环到 sb2 点，坐标即已全部推算完成。

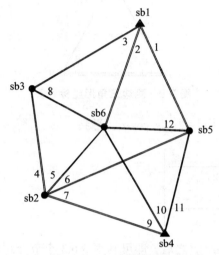

图 3.7 三边网数据编排 B

图 3.8 所示是没有将观测边录入在待定点上的实例，根据前述的推算步骤可以看出，对于图 3.8（a），程序自动设第一点 sb1 和 sb1 点第一条观测边照准方向点 sb5 的假设坐标。sb1 和 sb3 是已知点，两点间无观测边，坐标推算因三角形 sb1，sb3，sb5 不能组成而失败。

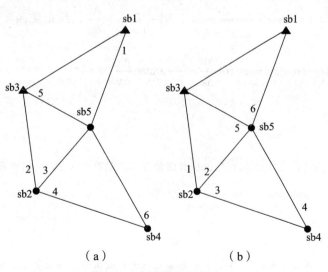

（a）   （b）

图 3.8 三边网数据编排 C

严格执行两端点中若有一个是已知点，观测边录入在待定点上的规定，重新编排数据如图 3.8（b）所示，则坐标推算可以顺利完成。

2. 测边三角形坐标计算

如图 3.9 所示三角形 ABP 中，A、B 是已知点，AP、BP 方向观测边长是 S_b、S_a，求待定点 P 的坐标。

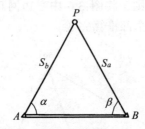

图 3.9　测边三角形坐标计算

根据余弦定律：$s_a^2 = s_{AB}^2 + s_b^2 - 2s_{AB}s_b \cos\alpha$，得到

$$\left.\begin{aligned}\cos\alpha &= \frac{s_{AB}^2 + s_b^2 - s_a^2}{2s_{AB}s_b} \\ \cos\beta &= \frac{s_{AB}^2 + s_a^2 - s_b^2}{2s_{AB}s_a}\end{aligned}\right\} \tag{3-5}$$

根据公式（3-5）求出角 α、β 之后，即可利用 3.6.3 小节介绍的自定义前方交会通用过程 Intersection（da，db，p，ja，jb）求出 P 点坐标 x_P、y_P。

3. 自定义反余弦函数

VB 系统除了反正切函数外，没有其他反三角函数，因此需要以反正切函数为基础，自定义反余弦函数。设 $z = \cos\alpha = \dfrac{\Delta x}{\sqrt{\Delta x^2 + \Delta y^2}}$，则 $\dfrac{z}{\sqrt{1-z^2}} = \dfrac{\Delta x}{\Delta y}$，反余弦函数以反正切定义为

$$\alpha = \arccos z = \operatorname{arc\,cot}\frac{\Delta y}{\Delta x} = \frac{\pi}{2} - \arctan\frac{\Delta x}{\Delta y} \tag{3-6}$$

4. 程序代码

```
...
Dim dh(3) As Single,bs(3) As Double ' dh()数组储存三角形顶点点号，bs()储存对边边长
n = 0
Do
 n = n + 1
 For i = 1 To cds
    For j = ns(i - 1) + 1 To ns(i) - 1 ' 当测站没有观测边时，循环变量终值小于初值，循环不
    ' 会执行，但也不显示错误
```

```
        dh(1) = i
        dh(2) = Seqn(sb(j))
        dh(3) = Seqn(sb(j + 1))  ' dh(1)是测站点点号，dh(2)、dh(3)分别是顺时针方向两相邻
        ' 测边的照准点点号
        bs(2) = s(j + 1)
        bs(3) = s(j)  ' bs(2)、bs(3)分别是三角形顶点 dh(2)、dh(3)的对边
        P = 0
        For k = 1 To 3
            If x(dh(k)) <> 0 Then p = p + 1  ' 统计三角形顶点中已经解算出的点数
        Next k
            If p = 2 Then Call Sdcoord(dh(), bs())  ' 如果3个点中有两个点坐标已算出，则调
            ' 用通用过程 Sdcoord ( )，试解算另一点坐标
    Next j
  Next i
  ps = 0
  For k = 1 To zds
      If x(k) = 0 Then ps = 1
  Next k
Loop Until ps = 0 Or n > cds
```

3.6.5　任意组合网近似坐标计算

1. 概　述

采用间接平差数学模型设计平差程序，无论处理导线网、三角网还是三边网，在数据录入、组成法方程、解算法方程、精度评定、结果输出等环节，不仅处理方法相同，甚至核心功能模块都可共用，其主要差异就在于近似坐标计算方法不同。

本小节中所谓的任意组合网是指三角网、导线网、三边网、边角同测三角网，测边、测角交会等常规控制图形结构的任意组合网型。任意组合网的基本结构是导线网和三角网（测角或测边），因而坐标计算方法实际上就是综合运用单一网型的计算方法。由于任意组合控制网网型复杂多样，存在许多的不确定因素，因而其近似坐标推算非常复杂，是平面网平差程序设计中公认的难点。

相对于前述单一网型，任意组合网的网型结构更加复杂而难以预测。任意组合网测量平差程序，要求能适用于各种控制网网型结构，因而程序设计必须周密考虑坐标推算可能遇到的情况，包括一些极端的特殊情况。

预测所有可能出现的控制网网型结构，并设计能应对各种复杂情况的处理程序是不太现实的。首先这很难实现，其次会使程序变得非常复杂，不能保证其可靠性。因此，现实的做法是对网型结构作一些必要的限制，排除一些不合理、难以处理的特殊情况，从而降低程序的复杂性，提高可靠性和可读性。

推算路线也是关系到任意组合网坐标推算能否顺利完成的重要因素。坐标推算路线是由控制点录入顺序决定的，大多数情况下近似坐标能够成功推算的控制网，若录入数据时不经意选择了特别不利的推算路线，就可能导致坐标推算失败。对网型结构复杂的组合网，指定坐标推算路线并不容易，也很难清楚、准确地阐述。因此为提高程序的实用性、方便性，示例程序在数据录入时不对测站顺序设置限制，即对导线点、三边网点、三角网点、后方交会点等不同类型测站点观测值录入顺序不作规定。这样做固然极大地方便了用户，然而后果是使得推算路线具有随机性，大大增加了坐标推算设计的难度。

2. 近似坐标计算方法

1）网型结构约束

计算机程序计算优势是在算法确定、数据完整的条件下，能够高效、精确地完成大量复杂、烦琐的数值计算工作，但是计算程序绝不是万能的，对于推算条件不具备的问题，计算机程序也是不能解决的。因此为保证任意组合网平差计算顺利进行，平差程序必须对控制网网型结构作必要的约束，具体要求如下：

（1）导线网和测角三角网相连，至少要有两个连接点是测角三角形同一条边的两个端点，否则要求至少一条导线边同时是三角形的一条边。

图 3.10 是导线网、测角三角网及测边后方交会、测角后方交会的混合图形。图上点名前缀字母为 dx 的是导线点，前缀字母为 sj 的是测角三角网点，前缀字母为 jjh 和 bjh 的分别是测角后方交会点和测边后方交会点。图 3.10 的结构不符合网型结构约束条件（1）的要求，下面通过坐标推算步骤分析会出现的问题。

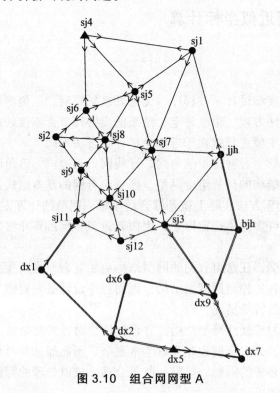

图 3.10　组合网网型 A

① 首先按导线网坐标推算方法推算假设坐标，因为若从测角三角网开始，由于三角网缺乏尺度信息，假设坐标会和导线网尺度信息不兼容。在这一步可以推算出全部导线点和测角三角网点 sj11、sj13 假设坐标。

② 转到测角三角网坐标推算方法继续进行。因为存在尺度不兼容问题，测角三角网坐标推算时，不能再假设新起算坐标。由图 3.10 可见，测角三角网已解算出的两个点 sj11 和 sj13，不能构成三角形的两个顶点，因此坐标推算没有起算点而不能进行。

③ 进入测边三角网坐标推算方法继续推算工作，解算出测边后方交会点 bjh 的假设坐标。

至此推算工作结束，即使多次循环，大部分测角三角网点假设坐标也推算不出来，因而假设坐标推算失败。

按照网型约束（1）要求，正确网型结构应该是图 3.11（a）或（b）所示网型结构。其中（a）通过导线网假设坐标推算，从不同路径解算出测角三角形两个端点 sj11 和 sj12 的假设坐标；（b）是由导线网和测角三角网的一条公共边，推算出测角三角形两个端点 sj13 和 sj12 的假设坐标。

由此可见网型结构约束（1），实际上是要求在导线网和测角三角网相连接时，必须通过导线网计算，给测角三角网提供一对可以直接计算的起算点。按照图 3.11（a）或（b）所示网型结构，就可以顺利推算出全部测角三角网点坐标，并在此基础上推算出角度后方交会点 jjh 坐标。

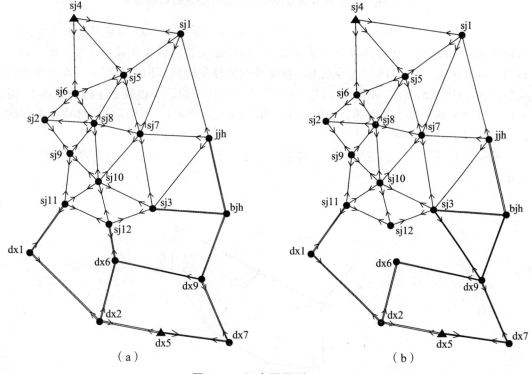

图 3.11　组合网网型 B

（2）导线网和测边三角网相连，至少要有一个连接点测了连接角。

这一约束条件本质上和网型约束条件（1）相同，即通过导线网坐标推算，给测边三角网提供一对直接起算的起算点坐标。关于网型约束条件（1），本小节已作了详细讨论，网型约束条件（2）的内容、性质、目的均与之类似，在此不再赘述。

2）数据编排约束

数据格式确定后，在数据编排上仍存在一些不确定的因素。在 3.6.4 小节中已经讨论过单一测边网边长观测值编排问题，任意组合网近似坐标推算远比单一网型复杂，为保证坐标推算顺利完成，还需要进一步细化数据编排规则，具体要求如下：

（1）和导线点连接的测边交会图形，观测边不遵循录入在点号较小端点测站上的规定，一律录入在交会点上。

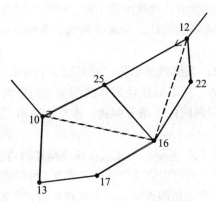

图 3.12　和导线点连接的测边交会点数据编排 A

图 3.12 中点号为 10、13、17、16、22、12 的点是导线点，25 号点是边长交会点，和与此相关的点 10、16、12 间没有方向观测值。若边长按三边网录入在较小点号一端的规定，观测边应分别录入在 10、16、12 号点上。在导线点坐标先行解算出的情况下，通过搜索可以组成顶点为（10，25，16）和（12，25，16）的两个测边三角形（虚线是坐标反算边），但正如三边网近似坐标计算小节所述，不能确定三角形顶点排列顺序，因而坐标推算存在不确定因素，不能保证计算正确。

根据补充规定（1），观测边要全部录入在 25 号点上，并且三条边的排列顺序如图 3.13所示。

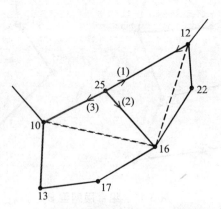

图 3.13　和导线点连接的测边交会点数据编排 B

（2）和测角三角网点连接的测边交会图形，观测边一律录入在交会点上。

图 3.14 中点号为 1～11 点是测角三角网点，12 号点是边长交会点，相邻点 5、6、7 对其没有方向观测值。按照测边网观测边录入规则，观测边应分别录入在 5、6、7 号测站上。显

然在三角网点坐标已先行算出的情况下，通过搜索可以组成顶点为（12，7，5）和（6，12，7）的两个三角形，但同样不能确定三角形顶点排列顺序，因而不能保证计算正确。

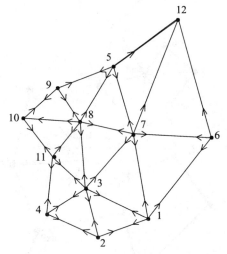

图 3.14 和测角三角网点连接的测边交会点数据编排 A

根据补充规定（2），将数据结构编排改为图 3.15 所示的方法，就可正确地组成测边三角形。

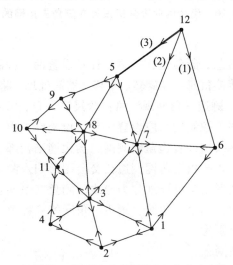

图 3.15 和测角三角网点连接的测边交会点数据编排 B

（3）假如组合网中包含导线点，至少第一个录入的测站要选择导线点。

对起算点赋假设坐标值是坐标推算的基础。组合网示例平差程序设计的坐标推算路线，是首先从导线网（边角同测网）开始，程序识别导线点的标志是测站上同时有方向和边长观测值。如果组合网中的测角三角网，其中有个点上有一条观测边长，而点号又排在导线网控制点之前，程序就会将这点和其观测边长照准点作为起算点赋假设坐标值，例如图 3.16 中的点 sj4 和 sj5。以这两个点为起算点，可以完成三角网部分坐标的推算，但是在测角三角网点没有对导线点测连接角的情况下，导线网坐标推算不能进行。若要避免这种情况出现，又不想为解决此问题而使得程序过于复杂，最简单的处理方法是设置限制（3）。

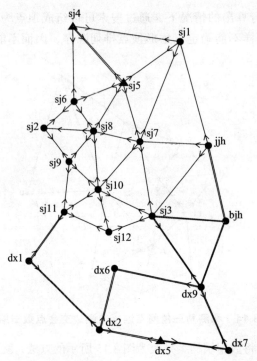

图 3.16　组合网假设坐标设置在测角三角网的情况

3）计算顺序确定

测角三角网缺乏尺度信息，近似坐标推算是任意设置两个控制点的假设坐标，然后通过一对公共点获取平面坐标转换信息，经旋转、平移、缩放处理，将假设坐标转换为近似坐标。导线网（边角同测三角网）、测边三角网观测值包含尺度信息，因此组合网假设坐标设置必须顾及到尺度上的一致性。整个控制网只应设置一对假设坐标，出于尺度问题的考虑，组合网假设坐标推算，只能先从导线网或者边角同测网、测边网结构部分开始。

如果将角度交会图形归入测角三角网，边长交会图形归入测边三角网，边角同测三角网归入导线网，那么组合网图形结构可以划分为导线、测角三角网、测边三角网等基本图形结构的任意组合。除了导线网、测角三角网、测边三角网等三种单一网型外，其余四种网型按组成基本图形结构划分，分别为：

（1）导线网＋测角三角网；

（2）导线网＋测边三角网；

（3）测角三角网＋测边三角网；

（4）导线网＋测角三角网＋测边三角网。

通用平差程序设计的要求是能适应各种可能的网型，按照单一的推算路线显然不能处理各种可能出现的情况。因此，平面平差示例程序处理方法，是依次进行导线网（包括边角同测三角网）、三边网、三角网坐标推算。在计算没有完成的情况下，再次调用测角、测边三角网坐标计算程序完成推算。

对于导线网和测角三角网、测边三角网均有连接的网型，按照下面的推算路线（1）或（2），均能顺利完成坐标推算工作。

（1）导线网→测角三角网→测边三角网。

（2）导线网→测边三角网→测角三角网。

对于导线网通过测角三角网和测边三角网连接，或者导线网通过测边三角网和测角三角网连接的情况，则推算路线不对，坐标推算即使多次循环也不能完成。另外若有角度后方交会，已知点是测边三角网点；或者测边交会，已知点是测角三角网点的情况，这时按推算路线（1）或（2），都不能全部推算出控制点坐标，为此坐标推算就需要按路线（3）进行。

（3）导线网→测边三角网→测角三角网→测边三角网→测角三角网。

推算过程中每一推算步骤完成后均要进行检验，在查询到有控制点坐标未算出时，再依次进入下一推算步骤。若直至最后一环仍有控制点未能算出，则原因可能是数据缺失或者算法缺陷。对于后一种情况，很可能是遇到了设计时未曾想到的特殊网型结构。这时要通过分析控制网的特殊性来查找、改正程序的算法错误。

3. 程序代码

任意组合网假设坐标计算程序代码较长，为了使程序结构清晰易读，设计了通用过程 coordinat（p），程序代码如下：

```
Private Sub coordinat (p As Single) ' 组合网近似坐标计算,p参数传递坐标解算是否完成的信息
Dim dx As Double, dy As Double
If ns(cds) = 0 Then ' 没有观测边就是纯三角网
    k = Seqn(lb(1))
    x(1) = 1000000: y(1) = 1000000: x(k) = 1010000: y(k) = 1010000 ' 赋三角网起算点假
    ' 设坐标
    Call triangulation(p) ' 调三角网近似坐标计算通用过程
ElseIf nl(cds) = 0 Then ' 没有方向观测值就是纯三边网
    x(1) = 1000000: y(1) = 1000000: k = Seqn(sb(1))
    x(k) = x(1) + s(1) * Cos(0): y(k) = y(1) + s(1) * Sin(0) ' 对第一点和它的第一条边照
    ' 准点赋假设坐标
    Call trilateration(p) ' 调三边网近似坐标计算通用过程
Else ' 下面是处理混合结构网型近似坐标计算
    For i = 1 To cds ' 按测站循环,查找合适的点,赋假设坐标
        For j = nl(i - 1) + 1 To nl(i) ' 在测站i上做方向循环
            ss = Sid(i, j) ' 查观测边长,参数i是测站点号,j是照准方向号
            If ss <> 0 Then Exit For ' 查到边长观测值退出循环,保持查询边方向值编号j值不
            ' 变。测角三角网点有方向观测值,没有边长观测值,需要确定i测站某一方向既有方向
            ' 值又有观测边,才能对i测站赋假设坐标作为起算点
        Next j
        If ss <> 0 Then
            x(i) = 1000000
            y(i) = 1000000 ' 为推算近似坐标,对测站i赋假设坐标值
            Exit For ' 退出外层循环,保持查询测站点号i值不变
```

```
      End If
Next i
If ss <> 0 Then ' 控制网既有方向又有边长观测值才能进入下面过程，但退出测站循环时 ss
' 存在为 0 的可能性，那是组合网由测角网和测边网构成，连接点没有测连接角的特殊情况
   k = Seqn(lb(j)) ' 查询 j 方向值照准点号
   x(k) = x(i) + ss * Cos(0)
   y(k) = y(i) + ss * Sin(0) ' 根据观测边计算 i 点上 j 方向目标点假设坐标,假设方位角
   ' 为 0 度
   n = 0
   Do
      n = n + 1 ' n 是循环计数变量，控制循环次数，避免假定坐标计算不出时，进入死
      ' 循环
      For i = 1 To cds ' 测站循环,按边角同测（导线）网坐标推算方法推算假设坐标
         If x(i) <> 0 Then ' 在测站坐标已计算出的前提下，才能求照准点坐标
            p = 0:d = 0 ' p 记录已知方位角所在方向值编号，d 统计未算出坐标之照准点数
            For j = nl(i - 1) + 1 To nl(i) ' 按 i 测站照准方向号循环，查到坐标已解
            ' 算出的照准点，反算坐标方位角；记下照准方向号。查到没有解算出的照准点，
            ' 统计数量, 记录照准方向号
               k = Seqn(lb(j)) ' 查询 j 方向照准目标点的点号
               If x(k) <> 0 Then ' j 方向照准目标点坐标已解出
                  dx = x(k) - x(i)
                  dy = y(k) - y(i)
                  t = Azimuth(dx, dy): p = j ' 反算方位角 $\alpha_{ik}$ 并以 p 记下所在
                  ' 照准方向编号 j
               Else
                  d = d+1:m(d) = j ' 用 d 累计未算出坐标之照准点数，m（）记下所在方
                  ' 向号
               End If
            Next j
            For j = 1 To d ' 求未解算照准点坐标，d = 0 则循环不执行
               k = Seqn(lb(m(j))) ' 查询未解算出坐标之照准点点号
               tt = t + l(m(j)) - l(p) ' 计算 m(j)方向的坐标方位角
               ss = Sid(i, m(j)) ' 调用自定义函数，查找 m(j)方向观测边长
               If ss = 0 Then ss = Side(i, k) ' 查不到观测边，或者是没有测这条
               ' 边，或者是 i、k 点都是已知点。自定义函数 Side()按已知坐标反算边
               ' 长，如果 i、k 中至少有一个不是已知点，返回值 ss 仍然为 0
               If ss <> 0 Then x(k) = x(i) + ss * Cos(tt): y(k) = y(i) + ss * Sin(tt)
               ' 必须确定 ss<>0，才能按坐标增量公式计算照准点坐标，否则会造成两点
               ' 坐标相同
```

```
            Next j
        End If
    Next i
    p = 0
    For k = 1 To zds ' 按总点数循环
        If x(k) = 0 Then p = 1 ' 查看是否还有没解算出坐标的点，有则对 p 赋值进入
        ' 循环再次搜索计算
    Next k
    Loop Until p = 0 Or n > cds
Else ' ss＝0 表明起算点假设坐标赋值没有完成，正处理的是单纯三角网和三边网组合网，出现
' 了找不到一条边既有方向观测值又有边长观测值的特殊情况。下面按三边网重新赋起算点假设
' 坐标，调三边网近似坐标计算程序
    For i = 1 To cds
        If ns(i) <> 0 Then Exit For ' 查第一个有观测边的测站
    Next i
    x(i) = 1000000
    y(i) = 1000000
    k = Seqn(sb(1))
    x(k) = x(1) + s(1) * Cos(0)
    y(k) = y(1) + s(1) * Sin(0) ' 对第一点和它的第一条边照准点赋假设坐标
    Call trilateration(p)
    End if
End If
If p = 1 Then Call triangulation(p) ' 调三角网近似坐标计算程序
If p = 1 Then Call trilateration(p) ' 调三边网近似坐标计算程序
If p = 1 Then Call triangulation(p) ' 调三角网近似坐标计算程序
If p = 1 Then Call trilateration(p) ' 调三边网近似坐标计算程序


End Sub
```

3.7 组法方程

3.7.1 平差程序组法方程方法

设有 n 个观测值，组成误差方程组为：

$$
\left.\begin{aligned}
v_1 &= a_1x_1 + b_1x_2 + \cdots + t_1x_t + l_1 \\
v_2 &= a_2x_1 + b_2x_2 + \cdots + t_2x_t + l_2 \\
&\cdots \\
v_n &= a_nx_1 + b_nx_2 + \cdots + t_nx_t + l_n
\end{aligned}\right\}
\tag{3-7}
$$

应用最小二乘准则组成法方程组，其纯量形式为：

$$
\left.\begin{aligned}
[paa]x_1 + [pab]x_2 + \cdots + [pat]x_t + [pal] = 0 \\
[pab]x_1 + [pbb]x_2 + \cdots + [pbt]x_t + [pbl] = 0 \\
\cdots \\
[pat]x_1 + [pbt]x_2 + \cdots + [ptt]x_t + [ptl] = 0
\end{aligned}\right\}
\tag{3-8}
$$

其中法方程系数、常数阵中的数值 $[paa] = \sum_{i=1}^{n} p_i a_i a_i$，$[pab] = \sum_{i=1}^{n} p_i a_i b_i$，$\cdots$，$[ptl] = \sum_{i=1}^{n} p_i t_i l_i$。由此可见自乘系数 $[paa]$ 是由 n 个值的和组成，这 n 个值分别是各观测值误差方程中第一个未知数系数平方乘以观测值的权；互乘系数 $[pab]$ 也是由 n 个值的和组成，这 n 个值分别是各观测值误差方程中第一个和第二个未知数系数之积乘以观测值的权。

根据这一特点，平差程序组法方程采用的算法是：

① 按测站循环。

② 在测站上进行方向观测值、边长观测值循环，依次调用所有的观测值。

③ 计算观测值误差方程系数 $a_i, b_i, \cdots, t_i$ 和常数 l_i（$i = 1, 2, \cdots, n$），设置一个一维数组 nb（ ）和单变量 l 临时保存。根据某一观测值 i 的误差方程系数和常数，计算组法方程系数阵元素的值 $p_i a_i a_i$，$p_i a_i b_i$，$\cdots$，$p_i a_i b_i$，$p_i b_i b_i$，$\cdots$，$p_i t_i t_i$ 等，以累加方式填充进对应的法方程系数数组变量；计算组法方程常数阵元素的值 $p_i a_i l_i$，$p_i b_i l_i$，$\cdots$，$p_i t_i l_i$ 等，以累加的方式填充进对应法方程常数数组变量。

④ 清除数组变量 nb（ ）。调用下一个观测值重复③的操作。

⑤ 一个测站上所有的观测值处理完毕后，进入下一个测站重复②→③→④操作。当测站循环结束，法方程组即已组成。

3.7.2 误差方程与法方程系数对应关系

1. 误差方程系数、常数储存

误差方程系数临时保存在一维数组 nb（ ）中，以未知数编号为 nb（ ）中系的下标，误差方程常数临时保存在一个单变量 l 中。

2. 法方程系数、常数储存

法方程系数、常数项分别保存在不同数组中。常数项保存在一个一维数组中，下标是法方程组中方程的编号，即下标为 1 表明是法方程组中第一个方程的常数。法方程系数阵本是一个对称方阵，由于采用高斯约化解算法方程，实际上只用到对称系数矩阵主对角线以上（或以下）的部分。所以为了节省内存，平差示例程序中采用一维数组保存法方程系数，并且只保存主对角线以上的数值，因而法方程系数阵称为上三角阵。

3. 误差方程和法方程系数对应关系

所谓储存对应关系是指根据误差方程系数在数组 nb（ ）中下标，确定其两两相乘元素与法方程系数数组和常数数组元素下标的关系。为方便阐述，设一平差问题只有四个未知数，误差方程一般表达式和系数在数组 nb（ ）中存储位置为：

$$v_i = a_i\delta x_1 + b_i\delta x_2 + c_i\delta x_3 + d_i\delta x_4 + l_i \quad (i = 1,2,\cdots,n)$$
$$nb(1) = a_i, nb(2) = b_i, nb(3) = c_i, nb(4) = d_i \tag{3-9}$$

法方程矩阵式为：

$$\begin{vmatrix} [paa] & [pab] & [pac] & [pad] \\ [pab] & [pbb] & [pbc] & [pbd] \\ [pac] & [pbc] & [pcc] & [pcd] \\ [pad] & [pbd] & [pcd] & [pdd] \end{vmatrix} \begin{vmatrix} x_1 \\ x_2 \\ x_3 \\ x_4 \end{vmatrix} + \begin{vmatrix} [pal] \\ [pbl] \\ [pcl] \\ [pdl] \end{vmatrix} = 0 \tag{3-10}$$

法方程系数阵二维数组和常数阵一维数组下标编排为：

$$\begin{vmatrix} [11] & [12] & [13] & [14] \\ [21] & [22] & [23] & [24] \\ [31] & [32] & [33] & [34] \\ [41] & [42] & [43] & [44] \end{vmatrix} \quad \begin{vmatrix} [1] \\ [2] \\ [3] \\ [4] \end{vmatrix}$$

分析误差方程和法方程系数、常数在数组变量中的下标编号，可以得出如下结论：

① 误差方程系数两两相乘时，误差方程两系数在数组 nb（ ）的下标，就是乘积值所填充到法方程系数阵二维数组变量的下标。例如 $p_i b_i d_i$ 中 b_i、d_i 在误差方程系数数组中的下标分别是 2、4，填充到法方程系数阵二维数组变量中的下标就是（2，4）。

② 误差方程系数和常数项的乘积值，填充到法方程常数项数组变量时，常数项数组中的下标取决于误差方程系数在数组 nb（ ）中的下标。例如 $p_i d_i l_i$ 中的 d_i 在误差方程系数数组 nb（ ）中的下标是 4，所以填充到法方程常数一维数组变量中的下标就是 4。

4. 法方程系数二维与一维存储的关系

采用高斯约化法解算法方程，主对角线以下元素没有用到。因此为了节省内存，示例平差程序法方程系数阵采用上三角储存。系数阵元素储存在一维数组中，其一维下标和二维数组元素下标对应关系如下：

$$\begin{vmatrix} [11] & [12] & [13] & [14] \\ & [22] & [23] & [24] \\ & & [33] & [34] \\ & & & [44] \end{vmatrix} \Rightarrow \begin{vmatrix} [1] & [2] & [4] & [7] \\ & [3] & [5] & [8] \\ & & [6] & [9] \\ & & & [10] \end{vmatrix}$$

图 3.17　法方程系数阵二维与一维储存数值变量下标对应关系

设 i 和 j 是法方程系数阵二维储存时的行号和列号，根据一维数组变量下标的递增方式和图 3.17 中一维和二维数组变量下标的对应关系，可以归纳出如下规律：

① 主对角线上元素行列号相同，下标计算公式为 $i*(i+1)/2$。

② 计算 j 列中数组变量下标应以前一列主对角线元素下标为基础，即以 $j*(j-1)/2$ 为起算值。

③ 若对主对角线元素下标加常数 k，则按 $j*(j-1)/2+k$ 计算，所得数组变量下标表示的位置均在 k 行上。

由上述规律可得出根据二维数组变量下标 (i,j) 计算一维数组变量下标 h 的公式为：

$$h = (j-1)*j/2 + i \tag{3-11}$$

由此可见，用两两互乘误差方程系数在数组变量中的下标，直接确定互乘值在法方程系数阵二维数组变量中的下标后，就可用公式（3-11）确定其在上三角阵一维数组中的下标。

3.7.3　高程网组法方程程序代码

```
...
pll = 0
ws = zds - yds  ' 总点数减已知点数，统计未知数数目
n1 = ws * (ws + 1) / 2  ' 确定法方程系数一维数组最大下标值
ReDim Nx(n1),UX(ws)  ' 确定法方程系数数组和常数数组容量
For i = 1 To n  ' 按观测值数循环，依次提取各高差观测值

    ReDim nb(ws)  ' 每处理一个新观测值之前,对误差方程系数数组 nb( ) 清零

    k1 = Seqn(qd(i))  ' 查询高差观测值起点点号

    If k1 > yds Then  ' 已知点排在点名数组 dm()前端，条件成立说明 k1 是待定点

        nb(k1 - yds) = -1 ' 对高差观测值误差方程中起点高程未知数系数赋值。点号减已知点数，
        ' 就是起点高程未知数在数组 nb( ) 中编号

    Else
        l1 = -dh(i) - h(k1)  ' 若起点是已知点，终点必是待定点，计算这种情况下的误差方程常
        ' 数项。dh()数组用于存储高差观测值，h()数组存储控制点高程。程序运行在此阶段，点号
        ' 小于或等于 yds 时，h()保存的是已知点高程。由于不设高程近似值，因此点号大于 yds 时，
        ' 数组变量 h()中待定点高程是空值

    End If
    k2 = Seqn(zd(i))  ' 以下对终点进行和起点同样的操作

    If k2 > yds Then
            nb(k2 - yds) = 1

    Else
            l1 = -dh(i) + h(k2)  ' 若终点是已知点，起点必是待定点，计算这种情况下的误差方程
            ' 常数项
```

```
End If
If k1 > yds And k2 > yds Then l1 = -dh(i) ' 如起点和终点都是待定点，重算误差方程常数项
pp = ls(1) / ls(i) ' 确定高差观测值的权
pll = pll + pp * l1 ^ 2 ' 累积求[pvv]的[Pll]值
Call Equation(nb(), pp, l1, ws) ' 调组法方程通用过程组法方程，参数分别是误差方程系数
' 数组、权、误差方程常数项和未知数数目
Next i
```

3.7.4 平面网组法方程程序代码

```
...
q = 206265: pll = 0
ws = 2 * (zds - yds) ' 求未知数数目
n1 = ws * (ws + 1) / 2 ' 一维存储法方程系数数组上限
ReDim Nx(n1), UX(ws) ' 确定法方程系数、常数数组容量
For i = 1 To cds ' 按测站循环
    zo = 0 ' 将按测站各方向计算值累加的定向角之和变量,在新测站前清零。下面开始处理一个
    ' 测站的方向观测值
    k1 = nl(i - 1) + 1: k2 = nl(i) ' k1 和 k2 分别是测站 i 上最小和最大方向号
    If k2>k1 then
```
$$Z_i = \frac{\sum_{k=1}^{ni}(\alpha_{ik}^0 - L_{ik})}{n_i}$$
```
        For j = k1 To k2 ' 在 i 测站上按方向循环，按平均值公式 Z_i = (...) 求定向角未知数
            k = Seqn(lb(j))
            dx = x(k) - x(i): dy = y(k) - y(i)
            t = Azimuth(dx, dy) ' 调自定义函数 Azimuth ( )，反算坐标方位角
            f1 = t - l(j) ' 以测站上方向值计算零方角方位角 f1
            If f1 < 0 Then f1 = f1 + 2 * pi ' 当零方向方位角大于其他方向方位角时,t-l(j)
            ' 会小于 0
            zo = zo + f1
        Next j
    zo = zo / (k2 - k1 + 1) ' 求定向角未知数 ( 零方向的坐标方位角 )
    ReDim nc(ws): ln = 0 ' 定义和方程系数数组容量，并且每循环到一新测站前清零, ln 变
    ' 量用于保存方程常数项
    For j = k1 To k2 ' 在 i 测站上再次按方向循环，求误差方程系数、常数
        ReDim nb(ws) ' 每循环到一新方向前,对误差方程系数数清零.
        k = Seqn(lb(j))
        dx = x(k) - x(i): dy = y(k) - y(i)
        ss = Sqr(dx^2 + dy^2)
```

```
t = Azimuth(dx, dy)
a1 = q * Sin(t) * 10^-2 / ss
b = -q * Cos(t) * 10^-2 / ss ' 求方向误差方程系数，乘 10^-2 是因为 ss 单位是米，
' 未知数单位是厘米
cha = Charact(i, ys) ' 调自定义函数 Charact()，查询测站点 i 是否已知点，如不是
' 则用 ys 返回 i 前面有几个已知点信息。查询 i 点前面的已知点数目，目的是根据点号
' 确定未知数编号。例如点号 5，前面有一个待定点，那么 5 号点就是第 4 个待定点，所
' 以该点的 x 坐标未知数编号是 7，y 坐标未知数编号是 8。
If cha = "n" Then ' 编号为 i 的测站点不是已知点
    d = 2 * (i - ys - 1) + 1 ' 计算 i 点 x 坐标未知数编号
    nb(d) = a1: nb(d + 1) = b ' 对误差方程系数数组赋值
    nc(d) = nc(d) + nb(d)
    nc(d + 1) = nc(d + 1) + nb(d + 1) ' 对和方程系数数组赋值
End If
cha = Charact(k, ys) ' 下面对照准点重复对测站的操作步骤
If cha = "n" Then ' 照准方向点不是已知点
    d = 2 * (k - ys - 1) + 1
    nb(d) = -a1: nb(d + 1) = -b
    nc(d) = nc(d) + nb(d)
    nc(d + 1) = nc(d + 1) + nb(d + 1)
End If
If t - zo < 0 Then t = t + 2 * pi ' 当是零方向坐标方位角大于其他方向坐标方位
' 角时，t - zo 为负值，需要加 360 度
        l1 = q * (t - zo - l(j)) ' 计算误差方程常数项，单位是秒
        ln = ln + l1 ' 累积和方程常数项
        pll = pll + l1^2 ' 累积求[pvv]的[Pll]值
        pp = 1 ' 方向观测值的权为 1
        Call Equation(nb(), pp, l1, ws) ' 调自定义组法方程通用过程 Equation ( ) 组
        ' 法方程，参数分别是误差方程系数数组、权、误差方程常数项、未知数数目
        Next j ' 一个测站方向循环结束
        pp = -1 / (k2 - k1 + 1): l1 = ln ' pp 是和方程的权，由于定向角近似值采
        ' 用平均值公式计算，ln 理论上应为 0
        Call Equation(nc(), pp, l1, ws) ' 调自定义组法方程通用过程 Equation ( )
        ' 组法方程,nc() 是 i 测站方向误差方程和方程数组
End if ' 识别条件 k2>k1
' 至此 i 测站方向观测值误差方程处理完毕,下面开始处理该测站的边观测值误差方程
  For j = ns(i - 1) + 1 To ns(i) ' 依次遍访 i 测站上各观测边,如果 i 测站没有观测
  ' 边循环不执行
    ReDim nb(ws) ' 每循环到一新边长前对数组 nb() 清零
    k = Seqn(sb(j))
```

```
        dx = x(k) - x(i): dy = y(k) - y(i)
        t = Azimuth(dx, dy)
        a1 = Cos(t): b = Sin(t) ' 计算边长观测值误差方程系数
        cha = Charact(i, ys) ' 处理测站点
    If cha = "n" Then ' 测站点 i 不是已知点.
        d = 2 * (i - ys - 1) + 1
        nb(d) = -a1: nb(d + 1) = -b
    End If
    cha = Charact(k, ys) ' 处理照准点
    If cha = "n" Then ' 照准点 k 不是已知点.
        d = 2 * (k - ys - 1) + 1
        nb(d) = a1: nb(d + 1) = b
    End If
    ss = Sqr(dx^2 + dy^2) '反算边长用于求误差方程常数项
    pp = (ma / (0.1 * ms + mk * ss * 10^-4))^2 ' 边长观测值定权
    l1 = (ss - s(j)) * 100 ' 求边误差方程常数(单位是厘米)
    pll = pll + pp * l1^2 ' 累积用于求[pvv]的[Pll]值
    Call Equation(nb(), pp, l1, ws)
  Next j ' i 测站边循环结束
Next i ' i 测站的误差方程处理完毕，进入下一测站
```

3.8 解算法方程

3.8.1 高斯约化解算对称线性方程组原理

高斯约化的基本原理实际上是通过加减消元的方法，对法方程系数阵和常数阵进行线性变换，将法方程系数阵变成上三角阵（或下三角阵）。然后从最后一个方程直接解算出未知数 x_4，再依次回代求出其余未知数 x_3, x_2, x_1。

对于上一小节式（3-9）表达的四阶线性对称方程组，高斯约化操作步骤如下：

$$\begin{vmatrix} [paa] & [pab] & [pac] & [pad] \\ [pab] & [pbb] & [pbc] & [pbd] \\ [pac] & [pbc] & [pcc] & [pcd] \\ [pad] & [pbd] & [pcd] & [pdd] \end{vmatrix}\begin{vmatrix} x_1 \\ x_2 \\ x_3 \\ x_4 \end{vmatrix} + \begin{vmatrix} [pal] \\ [pbl] \\ [pcl] \\ [pdl] \end{vmatrix} = 0$$

① 通过消元变换将系数阵第一列第二行以下元素变为 0。

$$
\begin{vmatrix} [paa] & [pab] & [pac] & [pad] \\ [pab] & [pbb] & [pbc] & [pbd] \\ [pac] & [pbc] & [pcc] & [pcd] \\ [pad] & [pbd] & [pcd] & [pdd] \end{vmatrix} \begin{vmatrix} [pal] \\ [pbl] \\ [pcl] \\ [pdl] \end{vmatrix} \Rightarrow \begin{vmatrix} [paa] & [pab] & [pac] & [pad] \\ 0 & [pbb.1] & [pbc.1] & [pbd.1] \\ 0 & [pbc.1] & [pcc.1] & [pcd.1] \\ 0 & [pbd.1] & [pcd.1] & [pdd.1] \end{vmatrix} \begin{vmatrix} [pal] \\ [pbl.1] \\ [pcl.1] \\ [pdl.1] \end{vmatrix}
$$

② 进一步将一次消元后系数阵第二列第三行以下元素变为 0。

$$
\begin{vmatrix} [paa] & [pab] & [pac] & [pad] \\ 0 & [pbb.1] & [pbc.1] & [pbd.1] \\ 0 & [pbc.1] & [pcc.1] & [pcd.1] \\ 0 & [pbd.1] & [pcd.1] & [pdd.1] \end{vmatrix} \begin{vmatrix} [pal] \\ [pbl.1] \\ [pcl.1] \\ [pdl.1] \end{vmatrix} \Rightarrow \begin{vmatrix} [paa] & [pab] & [pac] & [pad] \\ 0 & [pbb.1] & [pbc.1] & [pbd.1] \\ 0 & 0 & [pcc.2] & [pcd.2] \\ 0 & 0 & [pcd.2] & [pdd.2] \end{vmatrix} \begin{vmatrix} [pal] \\ [pbl.1] \\ [pcl.2] \\ [pdl.2] \end{vmatrix}
$$

③ 最后将二次消元后系数阵第三列第四行元素变为 0。

$$
\begin{vmatrix} [paa] & [pab] & [pac] & [pad] \\ 0 & [pbb.1] & [pbc.1] & [pbd.1] \\ 0 & 0 & [pcc..2] & [pcd.2] \\ 0 & 0 & [pcd.2] & [pdd.2] \end{vmatrix} \begin{vmatrix} [pal] \\ [pbl.1] \\ [pcl.2] \\ [pdl.2] \end{vmatrix} \Rightarrow \begin{vmatrix} [paa] & [pab] & [pac] & [pad] \\ 0 & [pbb.1] & [pbc.1] & [pbd.1] \\ 0 & 0 & [pcc.2] & [pcd.2] \\ 0 & 0 & 0 & [pdd.3] \end{vmatrix} \begin{vmatrix} [pal] \\ [pbl.1] \\ [pcl.2] \\ [pdl.3] \end{vmatrix}
$$

④ 经过三次约化得到与式（3-9）同解的方程（3-12），从中就可直接解算 x_4 并回代求解出 x_3，x_2，x_1。

$$
\begin{vmatrix} [paa] & [pab] & [pac] & [pad] \\ 0 & [pbb.1] & [pbc.1] & [pbd.1] \\ 0 & 0 & [pcc.2] & [pcd.2] \\ 0 & 0 & 0 & [pdd.3] \end{vmatrix} \begin{vmatrix} x_1 \\ x_2 \\ x_3 \\ x_4 \end{vmatrix} + \begin{vmatrix} [pal] \\ [pbl.1] \\ [pcl.2] \\ [pdl.3] \end{vmatrix} = 0 \qquad （3-12）
$$

以加减消元法对线性方程系数和常数组成的行进行消元变换，实际上是将其各元素减去另一行同列元素乘一个不为 0 的数，从而将某一未知数的系数变为 0。由于法方程系数阵具有对称性这一特征，所以高斯约化法虽然原理与加减消元法相同，但是有其独特的规律。归纳高斯约化过程，可以概括如下：

① 设法方程阶数为 n 阶，则首先对第 2 行至第 n 行进行一次约化，然后对第 3 行至第 n 行进行第二次约化……直到对第 n 行进行 $n-1$ 次约化。

② 一次约化时，各行元素均减去第一行同列元素乘一个因子，这个因子就是第 1 行中列数等于被约化行数的元素除以第 1 行自乘元素（主对角线元素）。

例如：第二行一次约化，各元素分别减去第一行同列元素乘上因子 $\dfrac{[pab]}{[paa]}$。第三行、第四行一次约化，则是各元素分别减去第一行同列元素乘因子 $\dfrac{[pac]}{[paa]}$ 和 $\dfrac{[pad]}{[paa]}$。

③ 约化次数由 1 至 $n-1$ 依次进行，i 次约化被约化的行数为 $(n-1)-(i+1)=n-i$。约化规律可以归纳为：第 i 次约化时，i 行后各行元素均减去第 i 行同列元素乘一个因子，这个因子是第 i 行中列数等于被约化行数的元素除以第 i 行自乘元素（主对角线元素）。

3.8.2　约化式中数组变量下标计算

图 3.18 是一个 5 阶的法方程，若对第 4 行元素 $n(14)$ 进行 2 次约化，以图中数组变量表示的约化计算式为 $n(14) = n(14) - \dfrac{n(8)}{n(3)} n(12)$ 。下面以此为例，分析以约化次数 k、被约化行数 j、j 行中被约化元素所在列数 i 为参数，确定法方程系数、常数约化计算式中数组变量下标的方法：

$$\left|\begin{array}{ccccc} n(1) & n(2) & n(4) & n(7) & n(11) \\ & n(3) & n(5) & n(8) & n(12) \\ & & n(6) & n(9) & n(13) \\ & & & n(10) & n(14) \\ & & & & n(15) \end{array}\right| \left[\begin{array}{c} u(1) \\ u(2) \\ u(3) \\ u(4) \\ u(5) \end{array}\right]$$

图 3.18　法方程系数、常数一维数组下标编排

① 根据约化次数 k 确定 k 行自乘元素下标为 $m1 = k*(k+1)/2$。

② 根据图 3.18 所示法方程系数一维数组下标的递增规律，要确定某数组变量上方同列数组变量下标，应以其前一列主对角线上数组变量下标为基础。所以 k 行中列数等于被约化行数 j 的数组变量下标计算，要以 $j-1$ 列主对角线上数组变量下标 $(j-1)*j/2$ 为基础。例如对位于第 4 行的数组变量 $n(14)$ 进行 2 次约化时，第 2 行第 4 列处数组变量下标 8，等于第 3 列主对角线上数组变量下标 6 加约化次数 2。对位于第 5 行的数组变量 $n(15)$ 进行 3 次约化时，第 3 行第 5 列处数组变量下标 13 是第 4 列主对角线数组变量下标 10 加约化次数 3。因此可以归纳得出，k 行中列数等于约化行数 j 的数组变量，其下标计算式为 $m2 = (j-1)*j/2 + k$。

③ 确定了 $m1$ 和 $m2$，就可得出以数组变量表示的法方程常数项约化式 $u(j) = u(j) - u(k)*n(m2)/n(m1)$。

④ k 行中与被约化数组变量同列的数组变量下标计算，同样以被约化系数所在列前一列主对角线上数组变量下标为基础。i 是 j 行中被约化元素的列数，就图 3.18 所示法方程而言，i 的初始值是 j，然后从左到右直至 5。遵循②中阐述的规律，知 i 上方 k 行同列数组变量下标计算以 $(i-1)*i/2$ 为起点，$(i-1)*i/2 + k$ 所得数组变量下标确定的元素均位于 k 行。令 k 行中与被约化系数同列数组变量下标值为 $n1$，则 $n1 = (i-1)*i/2 + k$。

⑤ 确定 j 行中被约化元素的下标与④所述类似，不同的是因为被约化元素在 j 行，所以在 $(i-1)*i/2$ 基础上加 j。令其下标值为 $n2$，则 $n2 = (i-1)*i/2 + j$。

3.8.3　约化法方程未知数求解

约化完毕后的法方程矩阵形式如图 3.19 所示，其系数已经是上三角矩阵，因而可以从最后一个方程直接求出未知数 x_5，回代 x_5 到第 4 个方程求出 x_4……直至依次回代解算出未知数 x_1。

$$\begin{bmatrix} n(1) & n(2) & n(4) & n(7) & n(11) \\ 0 & n(3) & n(5) & n(8) & n(12) \\ 0 & 0 & n(6) & n(9) & n(13) \\ 0 & 0 & 0 & n(10) & n(14) \\ 0 & 0 & 0 & 0 & n(15) \end{bmatrix} \begin{bmatrix} x_1 \\ x_2 \\ x_3 \\ x_4 \\ x_5 \end{bmatrix} + \begin{bmatrix} u(1) \\ u(2) \\ u(3) \\ u(4) \\ u(5) \end{bmatrix} = 0$$

图 3.19　约化完成后的法方程

分析图 3.19 所示约化法方程求解未知数过程，可以归纳出如下规律：

① 设法方程阶数为 n，则解算第 i 个未知数时，回代未知数个数为 $n-i$，分别为 $x_n \rightarrow x_{i+1}$。

② 回代未知数与 i 行约化方程系数两两相乘，其规律为未知数编号与 i 行约化方程系数所在列号相同。

例如，求解第 3 个未知数 x_3，则需要回代未知数 x_5，x_4，分别与第 3 个方程中位于第 5、4 列的系数 $n(13)$，$n(9)$ 相乘。

根据上述规律，未知数求解需要通过二重循环完成。外层循环为一倒序循环，设循环变量为 k，则 k 控制求解未知数的编号；设内层循环变量为 i，则 i 控制回代未知数编号，在内层循环中完成回代未知数与 k 行约化方程系数的乘积，并解算出未知数 x_k。根据上一小节阐述的规律，可知 k 行中与 x_i 对应相乘约化法方程系数阵元素编号为 $(i-1)i/2+k$。

3.8.4　平面网法方程程解算序代码

```
For i = 1 To ws ' 按未知数循环
    nb(i) = -UX(i) ' 将法方程常数项反号赋予工作数组后约化,保留原值用于求 [pvv]
Next i
Call Slequation(nb(), ws) ' 调用高斯约化解法方程通用过程
pvv = pll
For i = 1 To ws ' 按 [pvv]=[pll]+[pal]x₁+[pbl]x₂+L+[ptl]xₜ 公式求 [pvv]
    pvv = pvv + UX(i) * nb(i) ' UX(i)储存未约化法方程常数项, nb(i) 储存法方程未知数
Next i
For i = 1 To zds ' 按总点数循环, 求坐标平差值
    cha = Charact(i, ys) ' 查点 i 是否已知点, 不是用 ys 返回 i 前面已知点数
    If cha = "n" Then ' 编号 i 的点不是已知点
        d = 2 * (i - ys - 1) + 1 ' 计算 i 点 x 坐标未知数编号
        x(i) = x(i) + nb(d) / 100 ' 待定点坐标近似值加改正数得到平差值
        y(i) = y(i) + nb(d + 1) / 100 ' 坐标改正数单位是厘米, 坐标近似值单位是米
    End If
Next i
```

3.8.5　高程网法方程解算

法方程解算不分平面网还是高程网，方法都是一样。因此在组成法方程后，调用解法方程通用过程 Slequation（），即可完成法方程解算。

高程控制网与平面网相比，差别在于高程网一个待定点只有一个未知数，并且已知点排在点名数组 dm（）前端。高程控制网误差方程是线性的，因此示例程序不设高程近似值，法方程未知数就是待定点高程平差值。

通用过程 Slequation（）所解算未知数保存在 nb（）数组中，平差后要转存在高程数组 h（）中。相应的程序代码是：

```
For i = 1 To ws ' 将法方程解算未知数（高程平差值）置于h()数组
    h(i + yds) = nb(i) ' h()数值下标上限是总点数，前面保存已知点高程，nb()数组下标上限
    ' 是未知点数
Next i
```

3.9　精度评定

精度评定包括观测值平差值及其函数精度评定，但实际工作中更关心的是未知点坐标、高程平差值精度。另外测量规范对边长相对中误差有限差要求，因此本小节主要讨论未知点坐标、高程、边长平差值精度评定问题。

3.9.1　单位权中误差

1. [pvv]计算

由于没有保留误差方程系数，并且应用史赖伯法则消除了定向角未知数，所以程序不采用求出各个观测值改正数，按定义公式 $\sum_{i=1}^{n} p_i v_i v_i$ 计算[pvv]的方法，而是按 $[pvv] = [pll] + [pal]x_1 + [pbl]x_2 + \cdots + [ptl]x_t$ 的公式求[pvv]。

2. 多余观测数计算

理论上多余观测数 r 等于观测值数 n 减去必要观测数 t，必要观测数等于平差问题要确定的未知数数目。未知数数目因控制网性质、图形结构和平差方法不同而计算方法不同。例如高程控制网一个待定点只有一个高程未知数，而平面控制网一个待定点有 x, y 坐标两个未知

数；同样的平面控制网，以方向为观测值，每个测站增加一个定向角未知数，而以角度为观测值，则没有定向角未知数。因而不同类型的控制网计算多余观测数的方法，可归纳如下：

（1）高程控制网。

高程控制网必要观测数 t 为待定点数，所以"多余观测数"＝"观测值数"－"待定点数"。以示例程序中的变量表示，则为

$$R = n - (zds - yds)$$

（2）导线网。

观测值数为方向观测值数和边长观测值数的和，未知数是坐标未知数和定向角未知数的和。坐标未知数是待定点数的 2 倍，定向角未知数等于测站数。所以 "多余观测数"＝"观测值数"－"未知数数目"。以示例程序中的变量表示为

$$r = nl(cds) + ns(cds) - 2(zds - yds) - cds$$

（3）测角三角网。

测角三角网除没有边长观测值外，其他与导线网相同，所以有

$$r = nl(cds) - 2(zds - yds) - cds$$

（4）测边三角网。

测边三角网和测角三角网相反，有测边观测值，没有测角观测值，所以

$$r = ns(cds) - 2(zds - yds)$$

（5）任意组合网。

任意组合网既有方向观测值也有边长观测值，所以综合上述几种情况，就有

$$r = nl(cds) + ns(cds) - 2(zds - yds) - dxj$$

其中变量 dxj 是有观测方向值的测站数，其值需要查询统计获得，相应的程序代码为：

```
dxj = 0
For i = 1 To cds
    If nl(i) - nl(i - 1) > 0 Then dxj = dxj + 1 ' 统计有方向观测值的测站数
Next i
```

求得了 $[pvv]$ 和多余观测数 r，单位权中误差就可按 $m_0 = \sqrt{\dfrac{[pvv]}{r}}$ 计算。

3.9.2 点位中误差及误差椭圆参数

1. 点位中误差

控制点 k 的点位中误差计算公式为 $m_k = m\sqrt{q_{xk} + q_{yk}}$，其中点 k 的 x，y 坐标权倒数分别

为 $q_{xk} = 1/p_{xk}$，$q_{yk} = 1/p_{yk}$。采用间接平差模型计算平差时，法方程系数阵的逆阵就是未知数矩阵的协因数阵（权逆阵）Q_{xx}，所以 q_{xk}，q_{yk} 可直接在 Q_{xx} 主对角线上提取。

2. 误差椭圆参数

（1）长短半轴计算。

设某一待定点平面坐标 (x, y) 的权倒数是 q_{xx}，q_{yy}，x 相对于 y 的相关权倒数为 q_{xy}，q_{xx}，q_{yy} 和 q_{xy} 均取自法方程系数阵的逆阵 Q_{xx}。计算该待定点误差椭圆参数的公式为：

$$\left. \begin{array}{l} k = \sqrt{(q_{xx} + q_{yy})^2 + 4q_{xy}^2} \\ Q_{EE} = (q_{xx} + q_{yy} + K)/2 \\ Q_{FF} = (q_{xx} + q_{yy} - K)/2 \\ E = m_0\sqrt{Q_{EE}} \\ F = m_0\sqrt{Q_{FF}} \end{array} \right\} \tag{3-13}$$

（2）误差椭圆极值方位角计算。

极值方位角计算公式为

$$\varphi_0 = \arctan\frac{q_{xy}}{Q_{FF} - q_{yy}} \tag{3-14}$$

φ_0 是极大值还是极小值根据下列规则判断：

① $q_{xy} > 0$，极大值在一、三象限，极小值在二、四象限。

② $q_{xy} < 0$，极大值在二、四象限，极小值在一、三象限。

3. 程序代码

```
...
ma = Sqr(pvv / r) '求单位权中误差
Call Inversion(Nx(),nb(),ws) '将约化后的法方程系数阵送入通用过程 Inversion()求逆
ReDim nb(zds),E(zds),F(zds),A(zds) '确定动态数组 nb()、E(),F(),A()容量，分别用于储存点
'位中误差、误差椭圆长半轴、短半轴、长轴方位角
For i = 1 To zds '按点号循环，求点位中误差和误差椭圆参数
   cha = Charact(i,ys) '自定义函数，查点 i 是否已知点，如不是用 ys 返回 i 前面有几个已知点
   If cha = "n" Then '不是已知点
      n1 = 2 * (i - ys - 1) + 1 '计算 i 点 x 坐标未知数编号
      n2 = n1 * (n1 + 1) / 2 '计算 Qxx 中储存 i 点 x 坐标未知数权倒数的一维数组变量下标
      n3 = (n1 + 1) * (n1 + 2) / 2 '计算 Qxx 中储存 i 点 y 坐标未知数权倒数的一维数组变
      '量下标
      nb(i) = ma * Sqr(Nx(n2) + Nx(n3)) '计算点位中误差
      k = Sqr((Nx(n2) - Nx(n3)) ^ 2 + 4 * Nx(n3 - 1) ^ 2) '按式（3-13）计算误差椭圆
      '参数
```

```
        Qe = (Nx(n2) + Nx(n3) + k) / 2 ' 误差椭圆长半轴权倒数
        Qf = (Nx(n2) + Nx(n3) - k) / 2 ' 误差椭圆短半轴权倒数
        E(i) = ma * Sqr(Qe)
        F(i) = ma * Sqr(Qf)
        dx = Qf - Nx(n3)
        dy = Nx(n3 - 1)
        A(i) = Azimuth(dx,dy)
    End If
Next i
```

3.9.3 边长平差值及其相对中误差

1. 计算方法

平差以后已经求得控制点坐标平差值，根据平差值的函数仍是平差值的原理，以坐标平差值反算所得边长就是边长平差值。对于导线网（或边角同测三角网）、三边网，可以依测站按观测边循环，计算边长平差值及其精度指标。对于没有观测边的三角网，则依测站按方向循环，为避免重复计算，规定只有测站号小于照准点号时，才计算测站与照准点间的边长平差值及其精度指标。

在已经求得单位权中误差后，评定未知数及其函数精度关键在于求其权倒数。如前所述，两待定点间的边长是端点坐标平差值的函数，而坐标平差值的协因数阵就是法方程系数阵的逆阵。所以评定精度的方法是，将边长表示为端点坐标平差值的函数，线性化得到权函数式，然后对此应用协因数传播律求权倒数。

设有边长表达式 $S = f(x_1, x_2, x_3, x_4)$，在坐标近似值 x_1^0，x_2^0，x_3^0，x_4^0 处将 S 展开为泰勒级数至一次项。令 $f_i = \dfrac{\partial f}{\partial x_i}$，$f_0 = \varphi(x_1^0, x_2^0, x_3^0, x_4^0)$，则边长函数的线性表达式为：$S_{ij} = f_0 + f_1\delta x_1 + f_2\delta x_2 + f_3\delta x_3 + f_4\delta x_4$。由于精度评定只与未知数的系数 f_i 有关，而与表达式中常数 f_0 无关。若令 $f^{\mathrm{T}} = |f_1 \quad f_2 \quad f_3 \quad f_4|$，$\delta x^{\mathrm{T}} = |\delta x_1 \quad \delta x_2 \quad \delta x_3 \quad \delta x_4|$，就得到边长权函数式 $\mathrm{d}S_{ij} = f^{\mathrm{T}}\delta x$。对此应用协因数传播律得

$$\frac{1}{p_S} = f^{\mathrm{T}}Q_{xx}f = f^{\mathrm{T}}N^{-1}f \tag{3-15}$$

纯量形式为

$$\frac{1}{p_S} = f_1(f_1q_{11} + f_2q_{12} + f_3q_{13} + f_4q_{14}) + f_2(f_1q_{12} + f_2q_{22} + f_3q_{23} + f_4q_{24}) +$$
$$f_3(f_1q_{13} + f_2q_{23} + f_3q_{33} + f_4q_{34}) + f_4(f_1q_{14} + f_2q_{24} + f_3q_{34} + f_4q_{44}) \tag{3-16}$$

2. 边长权函数式

由第 2 章式（2-40）边长观测值的误差方程去掉常数项，就可以直接得到端点 i、j 间边长平差值的权函数式：

$$\delta S_{jk} = -\frac{\Delta x_{jk}^0}{S_{jk}^0}\delta x_j - \frac{\Delta y_{jk}^0}{S_{jk}^0}\delta y_j + \frac{\Delta x_{jk}^0}{S_{jk}^0}\delta x_k + \frac{\Delta y_{jk}^0}{S_{jk}^0}\delta y_k \tag{3-17}$$

由于 $\Delta x_{ik}^0 = S_{jk}^0 \sin\alpha_{jk}^0$，$\Delta y_{ik}^0 = S_{jk}^0 \cos\alpha_{jk}^0$，权函数式还有另一种形式：

$$\delta S_{jk} = -\sin\alpha_{jk}^0\delta x_j - \cos\alpha_{jk}^0\delta y_j + \sin\alpha_{jk}^0\delta x_k + \cos\alpha_{jk}^0\delta y_k \tag{3-18}$$

3.9.4　坐标方位角平差值及其精度指标

1. 计算方法

和边长平差值计算一样，用坐标平差值反算所得坐标方位角就是其平差值，所以处理方位角信息和边长信息方法类似。计算同一条边坐标方位角平差值与精度指标，和计算边长同类信息涉及的控制点相同，因而所用坐标未知数及其协因数、相关协因数相同。差别只在于计算边长和方位角平差值函数式不同，评定精度的权函数式系数不同，所以方位角平差值及其精度指标计算，可以和边长同类信息一并完成。

2. 方位角权函数式

根据 2.6.3 小节内容，可以直接得到端点 i、j 间的坐标方位角平差值权数式：

$$\delta\alpha_{ij}'' = \frac{\rho''\sin\alpha_{ij}^0}{s_{ij}^0}\delta x_i - \frac{\rho''\cos\alpha_{ij}^0}{s_{ij}^0}\delta y_i - \frac{\rho''\sin\alpha_{ij}^0}{s_{ij}^0}\delta x_j + \frac{\rho''\cos\alpha_{ij}^0}{s_{jk}^0}\delta y_j \tag{3-19}$$

3.9.5　边长、方位角平差值及其精度指标计算程序代码

```
For i = 1 To cds
  For j = ns(i - 1) + 1 To ns(i) ' 按观测边循环，求边长、方位角及其精度指标
    k = Seqn(sb(j))
    cha = Charact(i,ys)
    chb = Charact(k,ys)
    If cha = "n" or chb = "n" then ' 条件是测站点和照准点不同时是已知点
      Call SideAzimuthAdj(i,k,c) ' 调通用过程计算、输出边长、方位角平差值及其精度指标，
      ' c 是输出成果字符串
    End If
```

```
        Next j
    Next i
    For i = 1 To cds
        For j = nl(i - 1) + 1 To nl(i) ' 在两点间没有观测边情况下(三角网、方向交会)，计算、
    ' 输出边、方位角平差值及其精度指标
            k = Seqn(lb(j))
            cha = Charact(i,ys)
            chb = Charact(k,ys)
            ss = Sid(i,j) ' 查观测边长,参数 i 是测站点号，j 是照准方向号。测站循环只处理没有
        ' 观测边的方向。如果有观测边，则在按边长循环时，已经处理过了
            If ss = 0 And i < k And (cha = "n" or chb = "n") Then ' 条件是两点间没有观测边，
        ' 并且也不都是已知点。由于方向观测值是双向的，设置条件 i<n 是为避免双向计算
                Call SideAzimuthAdj(i,k,c) ' 调通用过程计算边长、方位角平差值及其精度指标
            End If
        Next j
    Next i
```

3.9.6 高程控制网精度评定

高程控制网精度评定包括待定点高程中误差和高差平差值中误差计算。由于高程控制网观测值方程是线性的，并且每个点只有一个未知数，因而计算方法相对平面网较简单。

1. 高程中误差

高程网未知数即待定点高程，由于法方程系数阵的逆阵就是未知数协因数阵，所以可直接从协因数阵主对角线上提取未知数权倒数 q_{hi}，按下式计算待定点高程中误差：

$$m_{hi} = m_0 \sqrt{q_{hi}} \qquad (3\text{-}20)$$

式中，m_0 是单位权中误差。

2. 观测高差中误差

高程控制网观测值平差值精度评定和平面网类似，首先写出权函数式，然后应用协因数传播律求高差观测值权倒数 $q_{\Delta hij}$，按式 $m_{\Delta hij} = m_0 \sqrt{q_{\Delta hij}}$ 求得高差观测值平差值 $\Delta\hat{h}_{ij}$ 的中误差。

由于高差平差值 $\Delta\hat{h}_{ij}$ 的权函数式只涉及两个未知数 x_i 和 x_j，其系数分别为 1 和 −1。设对应未知数 x_i 和 x_j 的系数分别是 f_i 和 f_j，权函数式为 $\delta\Delta\hat{h}_{ij} = f_i x_i + f_j x_j$，对此应用协因数传播律，即得到观测高差平差值权倒数表达式：

$$\frac{1}{p_{\Delta h_{ij}}} = f_i^2 q_{ii} + 2 f_i f_j q_{ij} + f_j^2 q_{jj} \qquad (3\text{-}20)$$

3. 高程网精度评定程序代码

略去输出格式设置部分，高程控制网精度评定部分代码为：

（1）高程平差值中误差。

```
...
Call Inversion(Nx(),nb(),ws) ' 调法方程系数阵求逆通用过程 Inversion()，将高程控制网约化
' 后上三角法方程系数阵求逆
For i = 1 To ws
    n1 = i * (i + 1) / 2
    nb(i) = ma * Sqr(Nx(n1)) * 100 ' 求高程平差值中误差，单位是厘米
Next i
```

（2）高差平差值中误差。

```
...
For i = 1 To n ' 按观测值循环
    k1 = Seqn(qd(i)) ' k1 是起点点号
    k2 = Seqn(zd(i)) ' k2 是终点点号
    ss = h(k2) - h(k1) ' 求高差平差值
    qh = Heitweight(k1,k2) ' 调自定义函数，求高差权倒数 qh
    mdh = ma * Sqr(qh) * 100 ' 求高差中误差，单位是厘米
Next i
```

3.10 成果输出

控制网平差成果包括观测值平差值、平差值函数及其精度指标。一般而言，控制测量工作关心的是边长、高差、待定点坐标、高程、坐标方位角等观测值或观测值函数及其精度指标，因而这是平差程序必须要输出的内容。

平面平差成果输出内容较多，需要采用写成文本文件的形式保存。基于程序适用环境尽可能低的考虑，输出文件格式采用文本文件格式。由于这一部分较多的语句均是用于设置输出格式，为使程序结构清晰易读，示例程序是设计一通用过程来完成这一功能。

高程部分输出内容较少而简单，输出部分就设计在平差计算部分功能段中。

控制网图是平面网平差成果输出的重要一环，根据控制网图可以直观地观察控制网结构，已知点分布；如果在待定点上绘制误差椭圆，还可以直观地显示控制网点位误差可能偏离的方向，最弱点所在位置等信息，因而也是平差程序一般要包含的内容。

如前所述，平面平差成果输出部分设计为一通用过程，因而放在在第 4 章中详细介绍，本小节只介绍控制网图绘制及输出部分。

```vb
Private Sub Command3_Click(Index As Integer) ' 平面控制网图绘制命令按钮点击事件过程
    Static els As Integer ' 静态变量els是误差椭圆缩放系数
    Select Case Index

    Case 0 ' 点击"控制网图绘制"命令按钮
    Picture2.Cls
    minx = x(1): miny = y(1)
    For i = 1 To zds ' 查询控制网点 X、Y 坐标最大值和最小值
        If x(i) < minx Then minx = x(i)
        If x(i) > maxx Then maxx = x(i)
        If y(i) > maxy Then maxy = y(i)
        If y(i) < miny Then miny = y(i)
    Next i
    hight = maxx - minx+100 ' 计算绘图区域纵坐标范围,加 100 是为了不使图形太靠近图片框
    ' 2 边缘
    wide = maxy - miny+100 ' 计算绘图区域横坐标范围
    Picture2.Height = Form1.Height - Picture1.Height - 1000 ' 设置图片框 2 高度（单位
    ' twip），1000 是保留的图片框下边缘与窗体边框距离
    Picture2.Width = Picture2.Height * wide / hight ' 按照控制点分布范围矩形宽/高比设置
    ' 图片框 2 宽度
    If Picture2.Width > (Form1.Width) Then ' 所设置图片框 2 宽度超过窗体宽度
        Picture2.Width = Form1.Width - 1000 ' 图片框 2 最大宽度为窗体宽度－1000
        Picture2.Height = Picture2.Width * hight / wide ' 在确定了宽度的条件下，按控制点
        ' 分布范围矩形高/宽比设置图片框 2 高度
    End If
    Picture2.Left = (Form1.Width - Picture2.Width) / 2 ' 设置图片框与窗体左边缘间距,使
    ' 其在窗体上水平居中
    ks = Picture2.Height / hight ' 计算屏幕坐标与测量坐标长度单位比值
    tris = 150 ' 设置已知点三角形符号边长，单位是屏幕坐标系单位 twip
    Picture2.FontSize = 10 ' 设置点名输出字体大小
    For i = 1 To zds ' 按点循环，在循环内完成控制点符号绘制
        Call Screen(ks,i,minx,miny,xp,yp) ' 调用自定义函数将控制点测量坐标 x(i)、y(i)转
        ' 换为屏幕坐标系坐标 xp,yp
        Picture2.CurrentX = xp: Picture2.CurrentY = yp ' 确定输出控制点点名的位置
        Picture2.Print " " & dm(i) ' 在图片框 2 上输出控制点点名
        p = 0
        For j = 1 To yds
            If m(j) = i Then ' 条件成立时是已知点,绘三角形符号
                ya = yp - tris * Sin(pi / 3) / 2: xa = xp
                yb = yp + tris * Sin(pi / 3) / 2: xb = xp - tris / 2
```

```
            yc = yb: xc = xp + tris / 2
            Picture2.Line (xa,ya)-(xb,yb),vbRed
            Picture2.Line (xb,yb)-(xc,yc),vbRed
            Picture2.Line (xc,yc)-(xa,ya),vbRed
            p = 1
        End If
    Next j
    If p = 0 Then ' 条件成立就是待定点
        Picture2.Circle (xp,yp),20 ' 在待定点绘制圆符号,20是圆半径, 单位 twip
        Call Drawellipse(xp,yp,ks,i,els) ' 调自定义通用过程, 绘制误差椭圆
    End If
Next i
For i = 1 To cds
    Call Screen(ks,i,minx,miny,xp1,yp1)
    For j = nl(i - 1) + 1 To nl(i) ' 方向循环,在有观测方向的两点间连线
        k = Seqn(lb(j))
        Call Screen(ks,k,minx,miny,xp2,yp2)
        Picture2.Line (xp1,yp1)-(xp2,yp2) ' 在图片框 2 上以直线连接测站点和照准点
    Next j
    For j = ns(i - 1) + 1 To ns(i) ' 边长循环,在有观测边的两点间连线。单纯测边网两
    ' 点间没有观测方向值
        k = Seqn(sb(j))
        Call Screen(ks,k,minx,miny,xp2,yp2)
        Picture2.Line (xp1,yp1)-(xp2,yp2)
    Next j
Next i
Picture2.Visible = True
Command3(1).Enabled = True
Command3(2).Enabled = True
Command3(3).Enabled = True

Case 1 ' 误差椭圆加大按钮点击事件
els = els + 2 ' 执行一次, els 递增 2
Command3(0) = True

Case 2 ' 误差椭圆减小按钮点击事件
els = els - 2 ' 执行一次, els 递减 2
Command3(0) = True
If els = -4 Then Command3(2).Enabled = False ' 消除误差椭圆后, 使命令按钮不可用
```

```
    Case 3  ' 保存控制网图按钮点击事件
        CommonDialog1.ShowSave ' 打开公共对话框中的 "Save As" 对话框
        fname = CommonDialog1.FileName
        SavePicture Picture2.Image,fname & ".jpg"
End Select

End Sub
```

第4章 常用函数及通用过程

4.1 角度转弧度函数 Radian ( )

VB 系统使用的角度单位为弧度，因此必须将度分秒格式的角度转换为弧度。转换的方法是将以"###.####"格式输入的角度值，分段提出度、分、秒值，转化为以度为单位的角值求和，再乘以 π 转换为弧度值。

```
Private Function Radian(Angle as Double) as Double
    Dim b as String,c as String,d as String,s as String
    s = str(Angle) ' 将数字转化为字符串
    a = InStr(s,".") - 1 ' 查询度数值的位数
    If a < 1 Then ' 角度值是整数
      b = s
    Else
      b = Mid(s,1,a) ' 从首位开始在 s 中提取 a 位数值，即 b 是角度值的整度数字段
      c = Mid(s,a + 2,2) ' c 是角度值的整分数字段
      d = Mid(s,a + 4,2) ' d 是角度值的整秒数字段
    End If
    Radian = pi * (Val(b) + Val(c) / 60 + Val(d) / 3600) / 180 ' 将度、分、秒转换为度
    ' 为单位求和，并乘 1 度的弧度值
End Function
```

4.2 弧度转角度函数 Angle ( )

计算成果输出采用角度值，所以平差计算完成后要将角度成果的弧度值转换为度分秒值。转换方法是首先将弧度值乘以 π/180，转换成以度为单位的角度值并提取整数段（角度整数）。再将小数部分乘 60 后提取整分值，最后再次将小数部分乘 60 得到角度的秒数值。完成了提取整度、整分和秒值数据后，将其按位数相加即得到度分秒格式的角度值。

```
Private Function Angle(l as Double) as Double
    b0 = b0 * 180 / pi ' 将弧度值 l 转换为角度值，单位是度
    b1 = Int(l) ' b1 是整度数字段
    b3 = (l - b1) * 60 ' 将整度以下字段以分为单位表示
    b2 = Int(b3) ' 提取整分数字段置于 b2
    b3 = (b3 - b2 ) * 60 ' 将整分以下字段以秒为单位表示
    Angle = b1 + b2 / 100 + b3 / 10000 ' 将度、分、秒数据段按位数相加，表示为###.####
    ' 的格式,赋给函数名返回调用处

End Function
```

4.3 反算坐标方位角函数 Azimuth（ ）

平面控制网平差程序在假设坐标推算、误差方程系数计算等环节均需要根据端点坐标计算坐标方位角。反算坐标方位角使用 VB 系统定义反正切函数 atn（ ）。坐标方位角的取值范围是$[0，2\pi]$，而 atn（ ）函数的值域是$[-\pi/2，\pi/2]$。所以要根据以下判断方法予以转换：

（1）当角度值在第二象限时，atn（ ）函数值在第四象限（负值）；角度值在第三象限时，atn（ ）函数值在第一象限。这两种情况的特点是 $dx<0$，所以当 $dx<0$ 时，atn（ ）函数值要通加π。

（2）当 $dx>0$ 时，角度值在第一象限或第四象限，前一种情况 atn（ ）函数值正确，后者虽然象限正确但角度为负，所以应加 2π。

另外当 $dx=0$ 时会造成溢出错误，所以必须要在判断 $dx\neq0$ 的前提下使用 atn（ ）函数。如果出现 $dx=0$，则要根据 dy 是否小于 0，判断方位角是 $\pi/2$ 或 $3\pi/2$。

```
Private Function Azimuth(dx as Double,dy as Double)
    If dx <> 0 Then
        Azimuth = atn(dy / dx)
        If dx < 0 Then
            Azimuth = Azimuth + pi
        Else
            If dy < 0 Then Azimuth = Azimuth + 2 * pi
        End If
    Else
        Azimuth = pi / 2
        If dy < 0 Then Azimuth = 3 * pi / 2
    End If
End Function
```

4.4　由点名查点号函数 Seqn（ ）

数组 dm（ ）、lb（ ）、sb（ ）中保存的都是控制点点名，点名是字符型信息，以实际点名输入。示例程序对点名格式无限制要求，因而可以是数字、字符、汉字或者其任意组合形式。平差程序不方便直接处理点名信息，所以在数据录入过程中自动给控制点赋予了连续的数字点号。

在坐标计算、误差方程组成、权倒数计算等过程中，凡是用到控制点信息时，都需要知道其点号。如前所述，控制点点号是平差程序自行赋予的，不能直接调出而只能根据点名查询获知。查询方法是将欲查询点名依次和 dm（ ）数组中的点名对比，相等时 dm（ ）数组变量下标就是所查询点的点号。

```
Private Function Seqn(str as String) as Long
    For i = 1 To zds
        If str = dm(i) Then Seqn = i '将查到的点号赋给函数名,返回调用处
    Next i
End Function
```

4.5　提取观测边函数 Sid（ ）

方向观测值是双向的，而边长观测值是单向的，所以方向观测值和边长观测值并不一一对应。在导线网（边角同测网）坐标、误差方程系数等计算过程中，都需要根据方向观测值，调取同一方向的观测边长值。

调取观测边长采用的方法是对比照准点点名，当观测边照准点点名 sb（j）和方向值照准点名 lb（i）相同，或观测边照准点点名 sb（j）与测站点名 dn（k）相同时，记下 sb（j）数组变量的下标 j，则 s（j）就是所要调取的观测边长。

```
Private Function Sid(i,j) as Double ' 提取边长函数, i 是测站号, j 是方向号
    Sid = 0
    For k = ns(i - 1) + 1 To ns(i)
        If sb(k) = lb(j) Then Sid = s(k) ' 依次将边的照准点点名与 m 方向照准点点名对比, 相
            ' 等则赋予 Sid = s(k)
    Next k
    n = Seqn(lb(j)) ' 查询方向观测值照准点点号
    If n < cds and Sid = 0 Then ' 假如测站上没有查到观测边, 则转到照准点上进行同样的查
        ' 询。由于 ns() 数组下标上限是 cds, 所以点号大于 n 就不能进行查询。实际上若照准点点号
        ' n 大于 cds, 说明是未设站的点, 也查询不到观测边
```

```
            For k = ns(n - 1) + 1 To ns(n)
                If sb(k) = dm(i) Then Sid = s(k) '依次将n测站观测边的照准点名与i测站点
                ' 名对比，相等则赋予 Sid = s(k)
            Next k
        End If
End Function
```

4.6　查询是否已知点及该点前已知点数函数 Charact ( )

　　dm（ ）数组中的控制点包括已知点和待定点，某控制点点号取决于该点作为测站出现的顺序（没有设站的控制点点号排在测站点后）。在计算坐标、组法方程、精度评定等运算过程中，均需要判断涉及的测站点、照准点是否为已知点。如果某点号为 i 的点不是已知点，还要查询点号小于 i 的已知点数，才能知道 i 点是第几个待定点，从而确定其坐标未知数编号。

　　程序通过查询处理，将已知点在 dm（ ）数组变量中的下标保存在 m（ ）数组中，所以查询 i 是否已知点的方法是，将点号 i 依次与 m（ ）数组中的值进行对比，若出现相等的情况，i 就是已知点，否则是待定点。

　　若 i 不是已知点，统计点号小于 i 的已知点数目，是将 m（ ）数值变量中的值和 i 对比，小于 i 就对统计变量 n2 做 n2 = n2 + 1 操作。

```
Private Function Charact(n1,n2) as String ' 根据点号判断是否已知点,小于该点号的点中有几
' 个已知点。n1是查询点点号，n2是n1不是已知点时，点号小于n1的已知点数
    n2 = 0: Charact = "n" ' 对返回值和统计量赋初始值
    For k = 1 To yds ' 按已知点数循环，在循环中完成查询工作
     If n1 = m(k) Then ' m(k)存的是已知点点号，此判断检查点号为n1的点是否为已知点
       Charact = "y" '等号成立n1是已知点
     Else
       If n1 > m(k) Then n2 = n2 + 1 ' n1不是已知点,用n2统计点号小于n1的已知点数
     End If
    Next k
End Function
```

4.7　坐标反算边长函数 Side ( )

　　近似坐标推算采用的算法是先设置一对起算点假设坐标，推算出全部控制点假设坐标

（包括已知点）。然后根据一对已知点的已知坐标和假设坐标，计算平面坐标转换参数，将假设坐标转换为近似坐标。

对于导线网而言，一种可能的情况是一个已知点和另一个已知点单边连接（支导线）。由于已知点间无观测边，按观测边计算则支导线已知点假设坐标计算不出。考虑到这种因素，示例程序在两点间查询不到观测边时，调用坐标反算边长函数，查询端点是否同为已知点，如果是就根据已知点坐标反算边长。

三边网中若三个顶点中有两个已知点，则根据观测边不能组成三角形，也需要调用坐标反算边长函数，根据端点已知点坐标反算边长。

```
Private Function Side(n,m) ' 查询n、m号点是否已知点，是就调已知坐标反算边长
    For i = 1 To yds
        If ym(i) = dm(n) Then k1 = i ' 通过和已知点名对比确定n点是否已知点，是则记录
        ' 下在已知点点名数组ym()中的下标
        If ym(i) = dm(m) Then k2 = i
    Next i
    If k1 <> 0 and k2 <> 0 Then ' 条件是n、m两个点都是已知点
        dx = xo(k1) - xo(k2): dy = yo(k1) - yo(k2)
        Side = Sqr(dx ^ 2 + dy ^ 2)
    End If
End Function
```

4.8 平面坐标转换通用过程 Transformation（）

平面坐标转换公式中的旋转中心是坐标原点，而通过一对控制点两套坐标计算的旋转中心是两个已知点之一。所以转换是以该点为独立坐标原点，将假设坐标平移变换到独立坐标系统作旋转变换，同时加平移参数再将坐标系统转换到实际坐标系统。

对于导线网、三边网、边角同测网而言，观测值本身包括长度信息，所以坐标变换过程不包括缩放变换，但是为了使本过程也能适应三角网的情况，在坐标转换参数中也设置了缩放参数。

```
Private Static Sub Transformation()
    Dim dx as Double,dy as Double
    dx = x(m(2)) - x(m(1))
    dy = y(m(2)) - y(m(1))
    s1 = Sqr(dx ^ 2 + dy ^ 2) ' 两已知点假设坐标反算边长
    t1 = Azimuth(dx,dy) ' 两已知点假定坐标反算方位角
    dx = xo(2) - xo(1)
```

```
dy = yo(2) - yo(1)
s2 = Sqr(dx ^ 2 + dy ^ 2) ' 两已知点已知坐标反算边长
t2 = Azimuth(dx,dy) ' 两已知点已知坐标反算坐标方位角
ks = s2 / s1 ' 坐标转换尺度比
dt = t2 - t1 ' 以第一个已知点为中心的旋转角
x1 = x(m(1)): y1 = y(m(1)) ' x1、y1 是旋转中心假设坐标
For i = 1 To zds ' 按总点数循环，循环中完成坐标转换
    dx = x(i) -x1: dy = y(i) - y1 ' 将要转换的点，平移到以旋转中心为原点的独立坐标系中
    x(i) = xo(1) + ks * (dx * Cos(dt) - dy * Sin(dt)) ' 旋转变换，并以第一个已知点
    ' 已知坐标为平移参数
    y(i) = yo(1) + ks * (dx * Sin(dt) + dy * Cos(dt))
Next i
For i = 1 To yds ' 置入已知点坐标
    x(m(i)) = xo(i): y(m(i)) = yo(i)
Next i
End Sub
```

4.9 反余弦函数 Arccos（ ）

　　测边三角形坐标解算是利用余弦定理解算夹角，再用前方交会公式计算待定点坐标。VB系统内部函数中没有反余弦函数，所以需要利用内部函数中的反正切函数自行定义。

```
Private Function Arccos(cosa as Double) as Double ' 参数 cosa 是余弦函数值
    If cosa = 1 Then
        Arccos = 0
    ElseIf cosa = -1 Then
        Arccos = pi
    Else
        Arccos = pi / 2 - atn(cosa / Sqr(1 - cosa ^ 2)) ' 公式中的 cosa / Sqr(1 - cosa ^ 2)
        ' 实际上是 Δx/Δy，而 atn(Δx/Δy)与 atn(Δy/Δx)是余角关系
    End If
End Function
```

4.10　前方交会坐标计算通用过程 Intersection（ ）

前方交会是三角形两个顶点坐标已知，在已知点上观测角度，计算待定点坐标的方法。前方交会坐标计算是测角三角网坐标计算的基础，计算公式习惯称为余切公式。

如图 4.1 所示，三角形三个顶点分别为 A、B、P，其中 A、B 是已知点，P 是待定点。A、B、P 为逆时针排列关系，A、B 顶点夹角分别为 α 和 β，则待定点 P 点坐标按公式（4-1）计算。

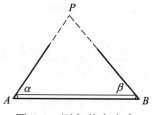

图 4.1　测角前方交会

$$\left.\begin{array}{l} x_P = \dfrac{x_A \cot\beta + x_B \cot\alpha + (y_B - y_A)}{\cot\alpha + \cot\beta} \\[3mm] x_P = \dfrac{y_A \cot\beta + y_B \cot\alpha - (x_B - x_A)}{\cot\alpha + \cot\beta} \end{array}\right\} \tag{4-1}$$

```
Public Sub Intersection(a,b,p,ja,jb) ' 参数 a、b 是已知点点号，p 是交会待定点点号，ja、jb
' 是 a、b 点夹角 α 和 β
    cota = 1 / Tan(ja)
    cotb = 1 / Tan(jb)
    x(p) = (x(a) * cotb + x(b) * cota + y(b) - y(a)) / (cota + cotb)
    y(p) = (y(a) * cotb + y(b) * cota + x(a) - x(b)) / (cota + cotb)
End Sub
```

4.11　后方交会坐标计算通用过程 Resection（ ）

后方交会包括角度后方交会和边长后方交会，本小节所指是角度后方交会，即在待定点上设站对三个已知点（包括已解算坐标的待定点）进行方向观测，从而解算待定点坐标的方法。

任意组合网平差示例程序允许包含后方交会图形，在计算坐标过程中识别到后方交会图形时，就调用后方交会计算通用过程来解算测站点坐标。后方交会图形和示例程序采用的计算公式如下：

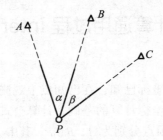

图 4.2　测角后方交会

$$\Delta x_{Bp} = \frac{(y_B - y_A)(\cot \alpha - \tan \alpha_{Bp}) - (x_B - x_A)(1 + \cot \alpha \cdot \tan \alpha_{Bp})}{1 + \tan^2 \alpha_{Bp}}$$

$$\Delta y_{Bp} = \Delta x_{Bp} \tan \alpha_{Bp} \qquad\qquad (4\text{-}2)$$

$$\tan \alpha_{Bp} = \frac{(y_B - y_A)\cot \alpha + (y_B - y_C)\cot \beta + (x_A - x_C)}{(x_B - x_A)\cot \alpha + (x_B - x_C)\cot \beta - (y_A - y_C)}$$

```
Public Sub Resection(k as Single) ' 参数 k 是测站点号
    Dim fh(6) as Single,dh(6) as Single ' 临时数组变量,分别保存方向值号和照准点点号
    If zds = 4 Then ' 只有 4 个点，说明是单纯的方向后方交会图形
        ReDim x(4),y(4) ' 确定坐标数组容量
        For i = 1 To yds ' 将已知坐标置入坐标变量 x(4),y(4),单纯后方交会不需解算假设坐标
            For j = 1 To zds
                If ym(i) = dm(j) Then x(j) = xo(i): y(j) = yo(i)
            Next j
        Next i
    End If
    k1 = 0
    For i = nl(k - 1) + 1 To nl(k) ' 在 k 测站上按方向循环
        j = Seqn(lb(i))
        If x(j) > 0 Then k1 = k1 + 1: dh(k1) = j: fh(k1) = i ' 照准点坐标已存在时，以
        ' dh()和 fh()数组分别记下照准点点号和方向值编号
    Next i
    If k1 >= 3 Then ' 条件是有三个以上照准方向照准点坐标已存在
        jb = l(fh(2)) - l(fh(1)) ' 计算夹角,ja、jb 分别对应图 4.2 中的 α 和 β
        ja = l(fh(3)) - l(fh(2))
        ca = 1 / Tan(ja)
        cb = 1 / Tan(jb) ' ca 和 cb 分别是公式（4-2）中 cotα 和 cotβ
        xba = x(dh(2)) - x(dh(3)) ' 公式（4-2）中（ x_B - x_A ）
        yba = y(dh(2)) - y(dh(3)) ' 公式（4-2）中（ y_B - y_A ）
        xcb = x(dh(1)) - x(dh(2)) ' 公式（4-2）中（ x_C - x_B ）
        ycb = y(dh(1)) - y(dh(2)) ' 公式（4-2）中（ y_C - x_B ）
        xca = x(dh(1)) - x(dh(3)) ' 公式（4-2）中（ x_C - x_A ）
```

```
        yca = y(dh(1)) - y(dh(3)) ' 公式（4-2）中（y_c - y_A）
        bp1 = yba * ca - ycb * cb - xca
        bp2 = xba * ca - xcb * cb + yca
        tbp = bp1 / bp2 ' 公式（4-2）中 tanα_Bp
        xbp = ((yba * (ca - tbp) - xba * (1 + ca * tbp))) / (1 + tbp ^ 2)
        ybp = xbp * tbp
        x(k) = x(dh(2)) + xbp
        y(k) = y(dh(2)) + ybp
    End If
End Sub
```

4.12　三角形坐标计算通用过程 Cotangent（ ）

　　测角三角网坐标推算首先是组成三角形，即确定组成三角形的三个顶点。当确定三个顶点中有两个坐标已解算出时，即调用本通用过程解算待定点坐标。测站夹角 ja 和顶点点号 dh（ ）通过参数传入本通用过程，并且顶点 dh（1）（测站）、dh（2）、dh（3）为顺时针排列。

　　解算待定点坐标首先是计算顶点 dh（2）和 dh（3）的夹角，然后按前方交会计算要求，配置好顶点点号 A、B、P 和夹角 α、β，调用前方交会计算通用过程 Intersection（a，b，p，ja，jb）求待定点坐标。

　　若顶点 dh（2）和 dh（3）夹角均不能算出，则测站 dh（1）可能是后方角度交会点，调用后方交会通用过程 Resection（k as Single）试算 P 点坐标。

```
Private Sub Cotangent(dh() as Single,ja as Double) ' 参数 ja 是测站夹角，dh()保存三角形
' 顶点点号，其中 dh（1）是测站点，dh（2）和 dh（3）是照准点点号
    Dim jd(3) as Double ' jd()数组用于保存与 dh()对应的顶点角度
    k1 = 0: k2 = 0: jd(1) = ja
    If dh(2) <= cds Then ' 照准点可能没有设过站，不加判断会造成数组下标超限
        For i = nl(dh(2) - 1) + 1 To nl(dh(2)) '在测站 dh(2)上做方向循环，求顶点 dh(2)
        ' 上夹角
            If Seqn(lb(i)) = dh(3) Then k1 = i
            If Seqn(lb(i)) = dh(1) Then k2 = i
        Next i
        If k1 and k2 <> 0 Then
            jd(2) = l(k2) - l(k1) 'jd(2)有可能是负值，所以下面要进行相应的处理
            If jd(2) < 0 Then jd(2) = jd(2) + 2 * pi
        End If
    End If
```

```
    k1 = 0: k2 = 0
    If dh(3) <= cds Then
        For i = nl(dh(3) - 1) + 1 To nl(dh(3)) '求顶点 dh(3)上夹角
            If Seqn(lb(i)) = dh(1) Then k1 = i
            If Seqn(lb(i)) = dh(2) Then k2 = i
        Next i
        If k1 and k2 <> 0 Then
            jd(3) = l(k2) - l(k1)
            If jd(3) < 0 Then jd(3) = jd(3) + 2 * pi
        End If
    End If
    If jd(2) = 0 and jd(3) <> 0 Then jd(2) = pi - jd(1) - jd(3) '如某一方向是单向观
    '测，会有一个夹角计算不出，则用三角形内角和计算
    If jd(3) = 0 and jd(2) <> 0 Then jd(3) = pi - jd(1) - jd(2)
    If jd(2) <> 0 and jd(3) <> 0 Then
        If x(dh(1)) = 0 Then p = dh(1): da = dh(3): db = dh(2): ja = jd(3): jb =
        jd(2) ' 将未解算点点号赋予变量p，其余两点按逆时针要求排列，赋予变量da、db，对
        ' 应夹角赋给变量ja,jb
        If x(dh(2)) = 0 Then p = dh(2): da = dh(1): db = dh(3): ja = jd(1): jb = jd(3)
        If x(dh(3)) = 0 Then p = dh(3): da = dh(2): db = dh(1): ja = jd(2): jb = jd(1)
        Call Intersection(da,db,p,ja,jb) ' 调前方交会计算通用过程
    Else ' 如果遇到后方交会点，则 jd(2)、jd(3)都等于 0
        Call Resection(dh(1)) ' 调后方交会计算通用过程
    End If
End Sub
```

4.13 三边形坐标计算通用过程 Sdcoord（ ）

三边形假设坐标推算和三角形类似，都是调用前方交会公式计算待定点坐标。三边形顶点中已知点 A、B 和待定点 P 也要求逆时针排列，所不同的只是三边形顶点 A、B 的夹角是通过余弦定理，以观测边（包括已知边）计算而得。

虽然三边形和三角形计算待定点坐标都是采用前方交会公式，但是三边形由于观测边没有方位信息，因此平差程序在确保三边形顶点 A、B、P 逆时针排列时，较之三角形更加困难。

观测边是单向观测值，理论上可以录入在两个端点中的任意一个，但是若不对观测边录入测站点作出规范，实践中会有些问题很难解决。所以三边网需在数据组织编排上附加更多的约束。相关约束条件在第 3 章中已有详细阐述，在此不再赘述。

```
Private Sub Sdcoord(dh() as Single,bs() as Double) ' 数组 dh()、bs()是保存三边形顶点和对
' 边的数组，其中 dh(1)是测站点点号，dh(2)、dh(3)分别是顺时针方向两相邻测边的照准点点号
' bs(2)、bs(3)分别是三角形顶点 dh(2)、dh(3)的对边

    bs(1) = 0
    If dh(2) <= cds Then ' 数组 ns()下标最大值为测站数。无此判断语句，照准点是未设站点
    ' 时，下面语句会造成数组下标超限错误
        For i = ns(dh(2) - 1) + 1 To ns(dh(2)) ' 从 dh(2)点查询 d(2)与 dh(3)之间有无观测
        ' 边，有则赋值给 bs(1)
            If sb(i) = dm(dh(3)) Then bs(1) = s(i)
        Next i
    End If
    If bs(1) = 0 and dh(3) <= cds Then ' 条件是没查到测站对边，并且 dh(3)设过站
        For i = ns(dh(3) - 1) + 1 To ns(dh(3)) ' 从 dh(3)点查询 d(3)与 dh(2)之间有无观测边
            If sb(i) = dm(dh(2)) Then bs(1) = s(i)
        Next i
    End If
    If bs(1) = 0 and x(dh(2)) <> 0 and x(dh(3)) <> 0 Then ' 条件是两个照准点坐标已算出，
    ' 但它们之间没有观测边
        dx = x(dh(3)) - x(dh(2))
        dy = y(dh(3)) - y(dh(2))
        bs(1) = Sqr(dx ^ 2 + dy ^ 2) ' 若 dh(2)和 dh(3)坐标已算出就反算边长。通过反算边
        ' 长组三角形,可使程序兼容网中有测边交会点的情况
    Else
        For j = 1 To yds ' 查询 dh(2)、dh(3)是否已知点，是就用已知坐标反算边长
            If ym(j) = dm(dh(2)) Then d1 = j
            If ym(j) = dm(dh(3)) Then d2 = j
            If d1 <> 0 and d2 <> 0 Then
                dx = xo(d1) - xo(d2)
                dy = yo(d1) - yo(d2)
                bs(1) = Sqr(dx ^ 2 + dy ^ 2)
            End if
        Next j
    End If
    If bs(1) <> 0 Then ' 三角形组成,下面计算假设坐标
        If x(dh(1)) = 0 Then p = dh(1): da = dh(3): db = dh(2): sp = bs(1): sa =
        bs(3): sb1 = bs(2)
        If x(dh(2)) = 0 Then p = dh(2): da = dh(1): db = dh(3): sp = bs(2): sa =
        bs(1): sb1 = bs(3)
```

```
        If x(dh(3)) = 0 Then p = dh(3): da = dh(2): db = dh(1): sp = bs(3): sa =
bs(2): sb1 = bs(1)
        ja = Arccos((sb1 ^ 2 + sp ^ 2 - sa ^ 2) / (2 * sb1 * sp)) ' 调反余弦函数算夹角
        jb = Arccos((sa ^ 2 + sp ^ 2 - sb1 ^ 2) / (2 * sa * sp))
        Call Intersection(da,db,p,ja,jb) ' 调角度前方交会函数算坐标
    End If
End Sub
```

4.14 组法方程通用过程 Equation（ ）

解算出一个观测值误差方程系数和常数后，将其系数两两相乘。两系数所对应未知数的下标，就是二维储存法方程系数阵的行列号。由于法方程系数以上三角矩阵储存，列号大于或等于行号，因此确定互乘系数在法方程一维储存数组变量中的下标，是算出前一列主对角线元素下标后加行号。

储存法方程常数项是采用单独的数组，误差方程系数与常数的乘积值在该数组变量中的下标，就等于误差方程系数所对应的未知数编号。

确定了误差方程系数、常数互乘值在法方程系数、常数一维数组变量中的下标，就可将互乘值以累积的方式加入法方程系数、常数数组变量。对每一个观测值误差方程进行同样的处理，当处理完全部观测值之后，组法方程即组成完毕。

```
Private Sub Equation(b() as Double,p as Double,l as Double,n as Long) ' 参数中 b()是一个
' 观测值误差方程系数数组，p 是观测值权，l 是误差方程常数项

    For i = 1 To n
      If b(i)<>0 then ' 不加此判断条件,不影响计算结果,但解算速度差异较大
        UX(i) = UX(i) + p * b(i) * l ' 组法方程常数项
        For j = i To n
          If b(j) <>0 then
            k = (j - 1) * j / 2 + i '计算未知数 xi、xj 的系数互乘值，在法方程系数一维储
            ' 存数组变量中的下标
            Nx(k) = Nx(k) + b(j) * b(i) * p ' 组法方程系数阵元素
          End If
        Next j
      End If
    Next i
End Sub
```

4.15 高斯约化解法方程通用过程 Slequation（ ）

高斯约化法解对称线性方程组，是以加减消元方法对线性方程组系数和常数组成的行做消元变换，最终将法方程组系数阵变换为三角矩阵，再逐一回代解算出全部未知数。

加减消元法的原理是将某行各元素减去另一行同列元素通乘一个不为 0 的数，使该行某列元素变为 0（即消除了对应的未知数）。一次消元运算可消除一个未知数，反复进行消元步骤，最后可以得到一个只含一个未知数的方程。由这个方程解算出线性方程组第一个未知数，再回代求解下第二个未知数，直至逐一回代求出全部未知数。

法方程是系数阵对称的特殊线性方程组，所以高斯约化法的消元运算步骤非常规范，其规律可以归纳为：

① 设法方程为 n 阶，则总约化次数为 $n-1$ 次，由 1 次约化至 $n-1$ 次约化逐次进行；

② 进行第 i 次约化时，被约化的是 i 行以下各行，约化行数为 $n-i$；

③ 进行第 i 次约化时，i 行后各行元素均减去第 i 行同列元素乘一个因子，这个因子是第 i 行中列数等于被约化行数的元素除以第 i 行自乘元素（主对角线元素）。

```
Private Static Sub Slequation(nb() As Double,n As Long) ' 高斯约化解法方程通用过程，数
' 组 nb()用于保存解算未知数，n 是未知数数目
    For k = 1 To n - 1 ' 循环变量 k 实际上控制约化次数，k 等于几即进行几次约化
        m1 = k * (k + 1) / 2 ' m1 是 k 行的自乘元素在法方程系数一维数组下标
        For j = k + 1 To n ' k 次约化的行数为 n-k，通过 j 循环依次完成 k 行以下各行的 k
        ' 次约化
            m2 = (j - 1) * j / 2 + k ' m2 是 k 行中列数等于 j 的元素在一维数组中的下标
            ' k 次高斯约化时，k 行以下各行被约化元素均减去 k 行同列元素乘一个因子。这个因
            ' 子是 k 行中的两个数相除，m1、m2 就分别是分母与分子在一维数组中的下标
            nb(j) = nb(j) - nb(k) * Nx(m2) / Nx(m1) ' 约化法方程常数项
            For i = j To n ' 在 i 循环内完成法方程系数阵 j 行元素的 k 次约化
                d = (i - 1) * i / 2
                n1 = d + k ' 与约化元素同列的 k 行元素在法方程系数阵一维数组中下标
                n2 = d + j ' 被约化元素在法方程系数阵一维数组中下标
                Nx(n2) = Nx(n2) - Nx(n1) * Nx(m2) / Nx(m1) ' 约化法方程系数项
            Next i
        Next j
    Next k
    For k = n To 1 Step -1 ' 在 k 循环内回代求解未知数
        If k < n Then ' 最后一个未知数 x_t 的求解不需要回带
            For i = k + 1 To n ' 循环变量 i 控制回代次数
```

```
        nub = (i - 1) * i / 2 + k ' 回代时与已解算出未知数向乘的约化法方程系数在
        ' 一维数组中的下标
        nb(k) = nb(k) - Nx(nub) * nb(i) ' 依次回代
      Next i
    End If
    nub = k * (k + 1) / 2 ' k 行自乘元素在一维数组中下标
    nb(k) = nb(k) / Nx(nub) ' 求得未知数后存入 nb() 数组变量，置换原来的值
  Next k
End Sub
```

4.16　法方程系数阵求逆通用过程 Inversion（）

1. 上三角储存法方程系数阵求逆方法

设有一个 3 阶法方程，则其系数阵逆阵 $\begin{bmatrix} q_{11} & q_{12} & q_{13} \\ q_{21} & q_{22} & q_{23} \\ q_{31} & q_{32} & q_{33} \end{bmatrix}$ 也是一对称矩阵。根据矩阵和其逆

阵积为单位阵，得到 3 组线性方程组：

$$\left. \begin{array}{c} \begin{bmatrix} [paa] & [pab] & [pac] \\ [pab] & pbb] & [pbc] \\ [pac] & [pbc] & [pcc] \end{bmatrix} \begin{bmatrix} q_{11} \\ q_{21} \\ q_{31} \end{bmatrix} = \begin{bmatrix} 1 \\ 0 \\ 0 \end{bmatrix} \\[20pt] \begin{bmatrix} [paa] & [pab] & [pac] \\ [pab] & [pbb] & [pbc] \\ [pac] & [pbc] & [pcc] \end{bmatrix} \begin{bmatrix} q_{12} \\ q_{22} \\ q_{32} \end{bmatrix} = \begin{bmatrix} 0 \\ 1 \\ 0 \end{bmatrix} \\[20pt] \begin{bmatrix} [paa] & [pab] & [pac] \\ [pab] & [pbb] & [pbc] \\ [pac] & [pbc] & [pcc] \end{bmatrix} \begin{bmatrix} q_{13} \\ q_{23} \\ q_{33} \end{bmatrix} = \begin{bmatrix} 0 \\ 0 \\ 1 \end{bmatrix} \end{array} \right\} \tag{4-3}$$

对上述 3 组对称线性方程组作高斯约化，只取常数项约化后不变的方程，并顾及到逆阵的对称性可以得到 3 组方程：

$$\begin{bmatrix} [paa] & [pab] & [pac] \end{bmatrix} \begin{bmatrix} q_{11} \\ q_{21} \\ q_{31} \end{bmatrix} = 1 \tag{4-4}$$

$$\begin{bmatrix} [paa] & [pab] & [pac] \\ 0 & [pbb.1] & [pbc.1] \end{bmatrix} \begin{bmatrix} q_{12} \\ q_{22} \\ q_{32} \end{bmatrix} = \begin{bmatrix} 0 \\ 1 \end{bmatrix} \tag{4-5}$$

$$\begin{bmatrix} [paa] & [pab] & [pac] \\ 0 & [pbb.1] & [pbc.1] \\ 0 & 0 & [pcc.2] \end{bmatrix} \begin{bmatrix} q_{13} \\ q_{23} \\ q_{33} \end{bmatrix} = \begin{bmatrix} 0 \\ 0 \\ 1 \end{bmatrix} \tag{4-6}$$

由于法方程系数阵在解算未知数时已经约化完毕，因而由公式（4-4）～（4-6）即可求得全部法方程系数阵逆阵元素。

平差示例程序在解算出法方程系数阵逆阵元素后，将其赋值于原法方程系数阵数组变量，置换原保存的约化系数，因而法方程系数逆阵元素解算由下而上逐行进行，具体方法和步骤为：

① 根据方程组（4-6）中最后一个方程直接求解 q_{33}，并将其赋值法方程系数阵数组变量 NX[6]，置换原约化系数[pcc.2]。

② 将 q_{33} 回代方程组（4-6）中第二个方程求解 q_{23}；再将 q_{23}（q_{32}）回代方程组（4-5）中第二个方程求解 q_{22}。当解算出 q_{22}、q_{23} 后，法方程系数阵第二行约化系数已不再需要，就将 q_{22}、q_{23} 赋值法方程系数阵数组变量 NX[3]、NX[5]，置换原约化系数[pbb.1]和[pbc.1]。

③ 将 q_{33}、q_{23} 回代方程组（4-6）第 1 个方程求解 q_{13}，将 q_{32}、q_{22} 回代方程组（4-5）第 1 个方程求解 q_{12}，将 q_{13}、q_{12} 回代第方程（4-4）求解 q_{11}。在逆阵第 1 行元素 q_{11}、q_{12}、q_{13} 求出后，将其分别赋法方程系数阵数组变量 NX[1]、NX[2]、NX[4]，置换原法方程系数[paa]、[pab]、[pac]。至此求逆结束，法方程系数阵中保存的已是逆阵元素。

2. 逆阵元素求解计算规律

设有一个 6 阶约化法方程系数阵（见图 4.3），第 3～6 行逆阵元素已经求出并置换了原储存的约化系数。根据公式（4-4）～（4-6）可以写出求逆阵第二行元素的计算公式（4-7）。

$$\begin{bmatrix} [paa] & [pab] & [pac] & [pad] & [pae] & [paf] \\ & [pbb.1] & [pbc.1] & [pbd.1] & [pbe.1] & [pbf.1] \\ & & q_{33} & q_{34} & q_{35} & q_{36} \\ & & & q_{44} & q_{45} & q_{46} \\ & & & & q_{55} & q_{56} \\ & & & & & q_{66} \end{bmatrix}$$

图 4.3　法方程系数阵求逆

$$\left. \begin{aligned} q_{26} &= 0 - ([pbc.1] \cdot q_{36} + [pbd.1] \cdot q_{46} + [pbe.1] \cdot q_{56} + [pbf.1] \cdot q_{66})/[pbb.1] \\ q_{25} &= 0 - ([pbc.1] \cdot q_{35} + [pbd.1] \cdot q_{45} + [pbe.1] \cdot q_{55} + [pbf.1] \cdot q_{56})/[pbb.1] \\ q_{24} &= 0 - ([pbc.1] \cdot q_{34} + [pbd.1] \cdot q_{44} + [pbe.1] \cdot q_{45} + [pbf.1] \cdot q_{46})/[pbb.1] \\ q_{23} &= 0 - ([pbc.1] \cdot q_{33} + [pbd.1] \cdot q_{34} + [pbe.1] \cdot q_{35} + [pbf.1] \cdot q_{36})/[pbb.1] \\ q_{22} &= 1 - ([pbc.1] \cdot q_{23} + [pbd.1] \cdot q_{24} + [pbe.1] \cdot q_{25} + [pbf.1] \cdot q_{26})/[pbb.1] \end{aligned} \right\} \tag{4-7}$$

可以从中归纳出如下规律：

（1）求逆阵第二行各元素，是以等于 0 或 1 的方程常数项，减去法方程约化系数阵第二行非主对角线元素与回代已知逆阵元素的一一对应相乘项，再除以第二行主对角线约化系数。

求主对角线逆阵元素时，方程常数项为 1，求其余逆阵元素时，方程常数项为 0。

（2）求第二行主对角线以外的逆阵元素，回代的已知逆阵元素储存位置均在二行以下。

（3）求主对角线逆阵元素，需回代的已知逆阵元素与对应相乘的法方程约化系数阵元素，在法方程系数阵中位置相同。一行中逆阵元素的求解顺序是由右向左，主对角线上逆阵元素是一行中最后求出的。因此，逆阵元素求出后，要临时储存在一个一维数组中，只有当一行中全部逆阵元素都已算出后，才能将其赋给法方程系数阵数组变量，取代原保存的法方程约化系数。

根据上述规律及特点，设计法方程系数阵求逆程序算法为：

（1）求逆运算过程通过三重循环完成。设法方程阶数为 n，外层循环控制欲求逆阵元素所在的行数，循环变量 i 变化为 $n \to 1$；内层循环控制所求逆阵元素在 i 行中的列数，循环变量 j 变化顺序为 $n \to i$；最内层循环控制已知逆阵元素回代次数，循环变量 k 变化顺序是 $n \to i+1$（求解最后一个未知数，不需要回代，但是进入不到 k 循环）。

（2）求 i 行 j 列逆阵元素时（$j>i$），法方程约化系数与回代逆阵元素两两相乘的位置对应关系为：

① j 列及其右侧各约化系数元素与 j 行同列已知逆阵元素对应相乘，此时二重循环变量 j 和三重循环变量 k 的关系是：$k \geqslant j$。

② j 列约化系数左侧各约化系数，与 j 列中行数等于约化系数列数的已知逆阵元素对应相乘，对应的循环变量关系是：$k < j$。

（3）求逆阵主对角线上元素时（$i=j$），两两相乘的约化系数与回代逆阵元素数组变量下标对应规律是：约化系数数组变量所在的列数，等于临时一维数组中逆阵元素的下标。

3. 程序代码

```
Private Sub Inversion(a() as Double,w() as Double,n as Long) ' 参数 a()是约化后法方程系
' 数数组，W()是临时保存逆阵元素数组，n 是未知数数目
  For i = n To 1 Step -1 ' 循环变量 i 控制欲求逆阵元素所在的行数，秩序是由下而上
    d = i * (i + 1) / 2 ' 约化后法方程系数阵中 i 行主对角线元素下标
    If i = n Then ' 条件成立就是最后一行，这一行不需回代
      a(d) = 1 / a(d) ' 约化后法方程系数阵下标最大的单元改存对应的逆阵元素
    Else ' 以下从倒数第 2 行起，按由下而上、由右而左的顺序求逆阵元素
      For j = n To i Step -1 ' 循环变量 j 的作用是在 i 行内控制求逆阵元素所在的列数，
      ' 方向是由右而左
        ss = 0:If j = i Then ss = 1 ' 对求逆阵元素方程常数项赋值，行列号相等则
        ' 逆阵元素是主对角线上元素,因而对应常数值为 1
        For k = n To i + 1 Step -1 ' 循环变量 k 控制回代次数
          If k > j Then
            m1 = (k - 1) * k / 2 + j ' m1 是约化法方程系数阵中,j 行从右到左各元
            ' 素编号
          Else
```

```
            m1 = (j - 1) * j / 2 + k ' 循环变量 j 固定，随着循环变量 k 值从 n→i+1
            ' 变化，m1 分别是约化法方程系数阵 j 列中由 n→i+1 行元素下标,这些数组
            ' 元素保存的是已置入逆阵元素
        End If
        m2 = (k - 1) * k / 2 + i ' 随着 k 值从 n→i+1 变化，m2 分别是约化法方程
        ' 系数阵中 i 行从右到左各数组元素下标
        If m1 <> m2 Then 'm2 总是小于或等于 m1,只有在 i＝j 时相等
            ss = ss - a(m2) * a(m1) ' 法方程系数阵中 i 行约化系数与 j 行逆阵同列
            ' 元素相乘
        Else
            ss = ss - a(m2) * W(k) ' 法方程系数阵中 i 行约化系数与临时数组中逆
            ' 阵元素相乘
        End If
      Next k
      W(j) = ss / a(d) ' 求逆阵元素
    Next j
    For k = n To i Step -1 ' 循环中将约化后法方程系数数组第 i 行元素置换为逆阵元素
      d = (k - 1) * k / 2 + i
      a(d) = W(k)
    Next k
  End If
 Next i
End Sub ' 求逆完毕,此时约化法方程系数阵中元素已是逆阵元素
```

4.17 点位中误差、误差椭圆参数计算通用过程 Ellipse（ ）

1. 点位中误差计算

平面控制点位置 p 由一对坐标平差值 (x_p, y_p) 表示，显然 (x_p, y_p) 是观测值的函数。观测值是含有误差的随机变量，因而其函数 (x_p, y_p) 也是包含误差的随机变量。设单位权中误差为 m_0，p 点坐标平差值 x_p, y_p 的权导数分别为 q_{xp}, q_{yp}，则 x_p, y_p 的中误差分别为 $m_{xp} = m_0\sqrt{q_{xp}}$ 和 $m_{yp} = m_0\sqrt{q_{yp}}$。点位中误差是估算控制点平面位置差的精度指标值，数值上是点位偏离其真值位置的距离估算值，计算公式为：$m_p = m_0\sqrt{q_{xp} + q_{yp}}$。

坐标平差值 $x_i = x_i^0 + \delta x_i, y_i = y_i^0 + \delta y_i$，其中 x_i^0, y_i^0 是坐标近似值，$\delta x_i, \delta y_i$ 是坐标改正数，也是法方程未知数。由于 x_i^0, y_i^0 为非随机变量，因此坐标平差值中误差等于坐标改正数中误差，即 $m_x = m_{\delta x}, m_y = m_{\delta y}$。采用间接平差时，法方程系数阵的逆阵即待定参数的协因数阵，所以 x_p, y_p 的权倒数就是法方程系数阵逆阵主对角线上的元素。程序计算过程中，给每一个

未知数编一个计算号，各待定点 x、y 坐标未知数编号相邻。设 p 点 x 坐标未知数编号为 i，则 y 坐标未知数编号为 $i+1$；q_{xp} 位于法方程系数阵逆阵 i 行主对角线上，q_{xp} 就位于法方程系数阵逆阵 $i+1$ 行主对角线上。

2. 误差椭圆参数计算

x、y 是两个相互垂直的坐标轴方向，由于点位中误差与采用的坐标系无关，实际上点位中误差平方，也等于其在任意两个相互垂直方向投影值的平方和。设点位中误差在任意两个相互垂直方向的投影值分别为 $m_{x'}$，$m_{y'}$，则总有一个方向，使 $m_{x'}$ 和 $m_{y'}$ 分别取得极大值和极小值。用 E 表示极大值，F 表示极小值，并且以此为椭圆长轴和短轴所作的椭圆，就称为误差椭圆。相对于点位中误差以误差圆半径来估算点的平面位置误差，误差椭圆可以更具体的估算误差最大的偏离方向，因而在精密工程测量中有较多的应用。

误差椭圆长轴 E、短轴 F 和长轴方位角 A 称为误差椭圆参数。计算误差椭圆参数的公式为第 2 章中公式（2-61）、（2-62）。计算公式除了用到点位中误差计算中涉及的 q_{xp}，q_{yp} 外，还用到 x、y 坐标相关权倒数 $q_{(xy)P}$。设一待定点 x 坐标未知数编号为 i，y 坐标未知数编号为 $i+1$，$q_{(xy)P}$ 即位于法方程系数阵逆阵 i 行 $i+1$ 列的位置。

3. 程序代码

```
Private Sub Ellipse()
    Dim dx as Double,dy as Double
    For i = 1 To zds ' 按控制点数循环,求点位中误差及误差椭圆参数
        cha = Charact(i,ys)
        If cha = "n" Then ' 不是已知点
            n1 = 2 * (i - ys - 1) + 1 ' 计算i点x坐标未知数在未知数中的编号
            n2 = n1 * (n1 + 1) / 2 ' 计算协因数阵中储存i点x坐标未知数权倒数的一维数组
            ' 变量下标
            n3 = (n1 + 1) * (n1 + 2) / 2 ' 计算协因数阵中储存i点y坐标未知数权倒数的一
            ' 维数组变量下标
            nb(i) = ma * Sqr(Nx(n2) + Nx(n3)) ' 计算点位中误差
            k1 = Sqr((Nx(n2) - Nx(n3)) ^ 2 + 4 * Nx(n3 - 1) ^ 2)
            Qe = (Nx(n2) + Nx(n3) + k1) / 2 ' 误差椭圆长轴权倒数
            qf = (Nx(n2) + Nx(n3) - k1) / 2 ' 误差椭圆短轴权倒数

            E(i) = ma * Sqr(Qe)
            F(i) = ma * Sqr(qf)
            dx = qf - Nx(n3)
            dy = Nx(n3 - 1)
            a(i) = Azimuth(dx,dy) ' 长轴方位角
        End If
    Next i
End Sub
```

4.18 计算边长、方位角平差值权倒数通用过程 Quandaoshu( )

测量规范对控制网边长相对中误差有限差规定，因此平差精度评定工作包括边长相对精度评定。在单位权中误差已求出的前提下，评定观测值平差值的精度，关键是求其权倒数。边长和方位角平差值均是端点坐标平差值的函数，因此求边长、方位角权倒数的方法，是将边长和坐标方位角表示为端点坐标平差值的函数，求全微分得到权函数式（或者展开为泰勒级数，取至一次项）后，对权函数式应用协因数传播律。

求边长和坐标方位角平差值权倒数，涉及的坐标平差值协因数阵元素完全相同，差别只是权函数式的系数不同。在第 3 章中给出了边长或坐标方位角平差值权倒数计算公式，由于法方程未知数协因数阵是对称矩阵，权函数式纯量形式为：

$$\frac{1}{p} = f_1(f_1 q_{11} + f_2 q_{12} + f_3 q_{13} + f_4 q_{14}) + f_2(f_1 q_{12} + f_2 q_{22} + f_3 q_{23} + f_4 q_{24}) +$$

$$f_3(f_1 q_{13} + f_2 q_{23} + f_3 q_{33} + f_4 q_{34}) + f_4(f_1 q_{14} + f_2 q_{24} + f_3 q_{34} + f_4 q_{44}) \qquad (4\text{-}8)$$

式中，f_1，f_2 是边长或坐标方位角平差值权函数式中一个端点坐标平差值的系数，f_3，f_4 是另一个端点坐标平差值的系数。若两个端点中有一个是已知点，则（f_1, f_2）或（f_3, f_4）为 0。

设 f_1、f_2、f_3、f_4 分别是权函数式中待定点坐标平差值 x_1、x_2、x_3、x_4 的系数，由式（4-8）可见，权倒数计算是权函数式系数两两相乘，并乘以待定点坐标平差值协因数阵元素后求和。对应相乘的待定点坐标平差值协因数在协因数阵中的位置，由权函数式系数下标确定，例如 $f_1 \cdot f_3$ 对应的协因数元素是 q_{13}，在协因数阵中就位于第 1 行第 3 列的位置。

通常控制网中待定点数量远不止两个，而不同边长或坐标方位角涉及的待定点坐标平差值不同。因此在列权函数式时，采用记录下系数对应的端点坐标平差值编号，在系数两两相乘时根据坐标平差值编号，确定相乘协因数阵元素在逆阵数组变量中的下标。

```
Public sub Quandaoshu(i,n,qb,qf) as Double ' 参数 i,n 是端点编号，qb,qf 用于返回边长、方
                                           ' 位角平差值权倒数。
    Dim dx as Double,dy as Double
    Dim bx(4) as Double,,fx(4) as Double,xh(4) as Long ' 由于边长、方位角平差值由端点坐
                                           ' 标平差值计算，因此权函数式中最多只有 4 个未知数系数不为 0。所以采用数组 bx(4)、fx(4)
                                           ' 分别保存边长和方位角权函数式中未知数系数，另用 xh(4) 保存对应的未知数编号
    dx = x(n) - x(i): dy = y(n) - y(i)
    t = Azimuth(dx,dy)
    ss = Sqr(dx ^ 2 + dy ^ 2) ' 反算边长
    a1 = Cos(t)
    b1 = Sin(t) ' a1、b1 是边长权函数式系数
    a2 = q * Sin(t) * 10 ^ -2 / ss
    b2 = -q * Cos(t) * 10 ^ -2 / ss ' a2、b2 是方位角权函数式系数
    p = 0
```

```
        cha = Charact(i,ys) ' 调用自定义函数查询测站点 i 是否已知点，如不是则用 ys 返回 i 前
    ' 已知点数
    If cha = "n" Then ' 测站点 i 不是已知点
        p = p + 2 ' 用 p 记录权函数式中待定点坐标平差值数目
        d = 2 * (i- ys- 1) + 1 ' 计算测站点 x 坐标平差值编号
        bx(1) = -a1
        bx(2) = -b1 ' 对边长权函数式中测站点 x,y 坐标平差值系数赋值
        fx(1) = a2
        fx(2) = b2 ' 对方位角权函数式中测站点 x,y 坐标平差值系数赋值
        xh(1) = d
        xh(2) = d + 1 ' 记录权函数式中测站点 x,y 坐标平差值编号
    End If
    cha = Charact(n,ys)
    If cha = "n" Then ' 照准点 n 不是已知点
        d = 2 * (n - ys - 1) + 1 ' 计算照准点 x 坐标平差值编号
        bx(p + 1) = a1
        bx(p + 2) = b1 ' 对边长权函数式照准点 x,y 坐标平差值系数赋值。假如测站点是待定
        ' 点，这里 bx()、fx() 数组的下标就是 3 和 4，反之仍然是 1 和 2
        fx(p + 1) = -a2
        fx(p + 2) = -b2 ' 对方位角权函数式中照准点 x,y 坐标平差值系数赋值
        xh(p + 1) = d
        xh(p + 2) = d + 1 ' 记录权函数式中照准点 x,y 坐标平差值编号
        p = p + 2
    End If
    For k = 1 To p ' 当测站或照准点之一是已知点时 p = 2，反之 p=4
      For j = 1 To p
        k1 = xh(j): k2 = xh(k) ' k1、k2 是 bx(j) bx(k)) 或者 fx(j)、fx(k) 所对应坐标平差
        ' 值编号
        If k1 > k2 Then k1 = xh(k): k2 = xh(j) ' 两个坐标平差值系数相乘时，坐标平差值
        ' 编号就是协因数阵二维储存的行号和列号，可根据二维储存行号、列号计算一维储存数
        ' 组元素下标。协因数阵是对称矩阵，行号和列号可互换，上三角阵储存列号大于或等于
        ' 行号，设 k1 是行号，k2 是列号，若 k1 > k2，则 k1、k2 值互换
        d = k2 * (k2 - 1) / 2 + k1
        qb = qb + bx(j) * bx(k) * Nx(d)
        qf = qf + fx(j) * fx(k) * Nx(d)
      Next j
    Next k
End sub
```

4.19 计算输出边长方位角平差值及其精度指标通用过程 SideAzimuthadj（ ）

```
Private Sub SideAzimuthadj(i,k,c)
    Dim dx as Double,dy as Double,t as Double
    Call Quandaoshu1(i,k,qs,qf) ' 调用通过过程，计算边长、方位角平差值权导数
    dx = x(k) - x(i)
    dy = y(k) - y(i)
    ss = Sqr(dx ^ 2 + dy ^ 2) ' 反算边长平差值
    t = Azimuth(dx,dy) ' 反算坐标方位角平差值
    t = Angle(t) ' 弧度转角度
    xdms = ss / (ma * Sqr(qs) / 100) ' 计算边相对中误差。边长中误差的单位是 cm，边长单
    ' 位是米，所以除 100
    xdms = Int(xdms / 100) * 100 ' 相对中误差分母单位取整数至百米
    xdms = Format$(xdms,"0000000") ' 设置边相对中误差输出格式
    mf = ma * Sqr(qf) ' 计算方位角中误差,单位是秒
    czd = Format$(dm(i),"@@@@")
    zzd = Format$(dm(k),"@@@@") ' 设置测站点和照准点输出格式
    spcz = Format$(ss,"00000.000") ' 设置边平差值输出格式
    fpcz = Format$(t,"000.0000") ' 设置方位角平差值输出格式
    fwm = Format$(mf,"000") ' 设置方位角中误差输出格式
    c = c & Space(6) & czd & Space(8) & zzd & Space(10) & spcz & Space(10) & "1/" & xdms
    & Space(6) & fpcz & Space(6) & fwm & Chr(13) & Chr(10)
End Sub
```

4.20 高差平差值权倒数计算函数 Heitweight（ ）

高差平差值权倒数计算和平面网边长、坐标方位角权倒数计算类似，不同之处在于高差平差值权函数式是线性的，其中高程平差值系数固定为 -1 和 1。另外，高差观测值平差值的权函数式，只涉及两个端点高程平差值，与权函数式系数对应相乘的协因数阵数组变量下标计算，和平面网边长或方位角平差值权倒数计算方法相同。

高程控制网已知点编号在点名数组最前端，因此当端点点号为 i 时，其未知数编号（平差完成后也是待定点高程平差值编号）为 $i\text{-yds}$。

```
Private Function Heitweight(i,k) ' 参数 i、k 是高差观测值的两个端点
    Dim hx(2) as Double,xh(2) as Single ' 数组 hx()保存权函数式系数, xh()保存高程平差值编号


    p = 0
    If i > yds Then ' 起点 i 不是已知点
        p = p + 1 ' 用 p 记录权函数式中未知数数目
        hx(1) = -1 ' 对权函数式系数赋值
        xh(1) = i - yds ' 记录权函数式中起点高程平差值编号
    End If
    If k > yds Then ' 终点 k 不是已知点, 对终点进行同样的操作
        hx(p + 1) = 1
        xh(p + 1) = k - yds
        p = p + 1
    End If
    For i = 1 To p ' 当测站或照准点之一是已知点时 p = 1, 反之 p = 2
        For j = 1 To p
            k1 = xh(i): k2 = xh(j) 'k1、k2 是权函数式系数 hx(i)、hx(j)对应高程平差值编号
            If k1 > k2 Then k1 = xh(j): k2 = xh(i)
            d = k2 * (k2 - 1) / 2 + k1
            Heitweight = Heitweight + hx(j) * hx(i) * Nx(d)
        Next j
    Next i


End Function
```

4.21 平面网成果输出通用过程 Output（ ）

平面控制网平差成果包括待定点坐标平差值及其中误差、点位中误差、误差椭圆参数、控制点间边长、坐标方位角平差值及其精度指标。相应的计算部分通过调用自定义函数或通用过程实现，因此平差成果输出通用过程主要内容是设置输出格式。

平差计算成果通过文本框显示，以文本文件对象的 Save 方法保存。

```
Private Sub Output() ' 平面控制网成果计算及输出通用过程


    ReDim nb(zds),E(zds),F(zds),A(zds) ' 确定动态数组 nb()、E(),F(),A()容量, 分别用于储
    ' 存点位中误差、误差椭圆长半轴、短半轴、长轴方位角
```

```
Call Ellipse ' 调通用过程计算点位中误差和误差椭圆参数
stri = Text1.Text
Stri = stri &"------------------------------------------------------------" &  Chr(13) &
Chr(10) ' 按一定格式,将坐标平差值及精度指标保存在字符型变量中
stri = stri & Space(8) & "平差成果" & Chr(13) & Chr(10)
stri = stri & Space(4) & "点 名" & Space(8) & "X-坐标" & Space(8) & "Y-坐标" & Space(6)
& "点位中误差" & Space(2) & "误差椭圆长轴 E" & Space(2) & "误差椭圆短轴 F" & Space(2)
& "长轴方位角" & Chr(13) & Chr(10)
For i = 1 To zds
    d1 = dm(i)
    d1 = Format(d1,"@@@@")
    X1 = x(i): X1 = Format$(X1,"000000.000")
    y1 = y(i): y1 = Format$(y1,"000000.000")
    mx = nb(i): mx = Int(mx * 100) / 100: mx = Format$(mx,"00.0")
    e1 = E(i): e1 = Format$(e1,"00.0")
    f1 = F(i): f1 = Format$(f1,"00.0")
    a1 = Angle(A(i)): a1 = Format$(a1,"000.00")
    d = Space(11) & d1 & Space(6) & X1 & Space(5) & y1 & Space(5) & mx & Space(8) &
    e1 & Space(12) & f1 & Space(8) & a1 & Space(8) & Chr(13) & Chr(10)
    stri = stri & d
Next i
stri = stri& "-------------------------------------------------------------" & Chr(13)
& Chr(10) '计算边长、坐标方位角及其精度指标, 按一定格式保存在字符型变量中
stri = stri & Space(10) & "边长、方位角平差值及精度指标" & Chr(13) & Chr(10) & Space(6)
& "测站点" & Space(7) & "照准点" & Space(8) & "边长平差值" & Space(10) & "相对中误差
" & Space(6) & "方位角" & Space(6) & "中误差" & Chr(13) & Chr(10)
For i = 1 To cds
    For j = ns(i - 1) + 1 To ns(i) '按观测边循环, 求边长、方位角及其精度指标
        k = Seqn(sb(j))
        cha = Charact(i,ys)
        chb = Charact(k,ys)
        If cha = "n" Or chb = "n" Then ' 条件是测站点和照准点不同时是已知点
            Call SideAzimuthAdj(i,k,stri) ' 调用计算边长、方位角及其精度指标通用过程
        End If
    Next j
Next i
For i = 1 To cds
    For j = nl(i - 1) + 1 To nl(i) ' 按方向循环, 在两点间没有观测边情况下(三角网、
        ' 方向交会), 计算、输出边、方位角平差值及其精度指标
        k = Seqn(lb(j))
```

```
            cha = Charact(i,ys)
            chb = Charact(k,ys)
            ss = Sid(i,j) ' 查观测边长,参数 i 是测站点号，j 是照准方向号
            If ss = 0 And i < k And (cha = "n" Or chb = "n") Then 设置两点间没有观测
            ' 边及 i<n 条件，是为避免重复计算
                Call SideAzimuthAdj(i,k,stri)
            End If
        Next j
    Next i
    mO = Format$(ma,"####.00")
Stri = stri & --------------------------------------------------------------" &
Chr(13) & Chr(10)
stri = stri & Space(8) & "总点数:" & zds & "\已知点数:" & yds & "\方向观测值数:" & nl(cds)
& "\边长观测值数:" & ns(cds) & "\多余观测数:" & r & "\单位权中误差:" & mO
Text1.Text = stri


End Sub
```

4.22　误差椭圆绘制通用过程 Drawellipse（ ）

　　绘制误差椭圆的基本方法是计算出椭圆上点坐标，将相邻两点用直线连接。由于两点间间距足够小，因而将椭圆上所有点按顺序连接，就会制成了椭圆。

　　网图上绘制椭圆目的是直观地显示待定点误差的相对大小和最弱点位置，因而误差椭圆本身大小是不重要的，在绘制时通常要放大突出显示。由于控制网范围及点位误差大小均不确定，很难设置合适的误差椭圆缩放比，所以示例程序设置了误差椭圆放大和缩小两个命令按钮对误差椭圆大小进行变换。缩放是通过点击命令按钮，对参数 els 进行递增或递减来实现的。

```
Public Sub Drawellipse(xp,yp,ks,i,els) ' 绘制误差椭圆通用过程。xp,yp 是控制点屏幕坐标,
' ks 是测量坐标和屏幕坐标尺度比, i 是控制点点号, els 是椭圆缩放系数

    czhou = E(i) * ks * (els + 4) ' 按比例缩放后的长轴长度,单位是屏幕坐标系单位
    dzhou = F(i) * ks * (els + 4) ' 按比例缩放后的短轴长度
    Xe = czhou * Sin(A(i)) ' 长轴正向端点相对于椭圆中心的 X 坐标差
    Ye = -czhou * Cos(A(i))
    Xf = dzhou * Cos(A(i)) ' 短轴正向端点相对于椭圆中心的 X 坐标差
    Yf = dzhou * Sin(A(i))
```

```
    xa = Xe + xp ' 长轴正向端点屏幕坐标系 X 坐标
    ya = Ye + yp ' 长轴正向端点屏幕坐标系 Y 坐标
    For k = 5 To 360 Step 5
        tx = Xe * Cos(pi / 180 * k) + Xf * Sin(pi / 180 * k) + xp ' 椭圆上点 X 坐标
        ty = Ye * Cos(pi / 180 * k) + Yf * Sin(pi / 180 * k) + yp ' 椭圆上点 Y 坐标
        Picture2.Line (tx,ty)-(xa,ya),vbRed ' 椭圆上相邻两点连直线
        xa = tx: ya = ty
    Next k


End Sub
```

4.23 测量坐标转屏幕坐标通用过程 Screen（ ）

屏幕坐标系原点在屏幕左上角，向右为 x 轴方向，向下为 y 轴方向。测量坐标向上为 x 轴方向，向右为 y 轴方向。因此将测量坐标系顺时针旋转 90°，轴向即与屏幕坐标系一致，再运用平移和尺度变换，就可将测量坐标系转换为屏幕坐标系。

```
Private Sub Screen (i,minx,miny,ks,xp,yp) ' 测量坐标转换屏幕坐标通用过程

    dx = x(i) - maxx
    dy = y(i) - miny ' 将要转换的控制点测量坐标，平移为以(maxx,miny)为原点的坐标
    xp = ks * (dy + 30)
    yp = -ks * (dx - 50) ' 将坐标轴顺时针旋转 90 度,并乘以尺度比,将测量坐标转换为屏幕坐
    ' 标。加常数 30 和-50 是避免图形太靠近图片框边缘


End Sub
```

第5章 示例程序及其算例

5.1 控制网平差示例程序

5.1.1 程序功能及界面布局

1. 程序功能

示例程序包含平面控制网和高程控制网平差计算功能，其中平面平差部分不仅可以处理传统的导线网、三角网、三边网、边角网等平面控制网平差计算问题，还可以完成由上述图形结构（包括各种交会图形）组成的任意混合网型平差计算。

平面控制网平差已知数据只能是已知点坐标，不包括端点中至少有一个为待定点的已知边长或已知坐标方位角。

高程平差部分可以处理符合路线、闭合路线及多结点的高程控制网平差问题。

示例程序还可用于处理没有多余观测数时的平面与高程网计算问题。

2. 界面布局

示例程序采用的控件包括一个窗体、两个图片框、一个文本框、一个公共对话框、三组命令按钮数组，两个下拉菜单数组。

两个图片框中，图片框 picture1 用于形成一个凹槽装饰命令按钮，图片框 picture2 用于显示控制网网图。

文本框 text1 用于显示平差计算结果，和图片框 picture2 在窗体上占据同一位置。当文本框显现时，图片框 picture2 处于隐蔽状态，而图片框显现时，则文本框处于隐蔽状态。

考虑到作为教学示例程序的特殊要求，高程与平面平差过程均分为几步运行。对于平面平差而言分为："读入数据"、"近似坐标"、"组法方程"、"平差计算" 4 个步骤。而高程平差则分为："读入数据"、"组法方程"、"平差计算" 3 个步骤。"平面平差"和"高程平差"菜单项下的下拉子菜单，即分别对应上述平差计算步骤。

为方便使用，程序另设置三组快捷命令按钮，其各自功能如下：

（1）命令按钮数组 Command1。

命令按钮数组 Command1 成员为 7 个，其属性值 Index 的 0，1，2，3 分别对应平面平差的 4 个步骤，属性值的 4，5，6 则分别对应高程平差的 3 个步骤。

（2）Command2 命令按钮数组。

按钮数组 Command2 成员为 3 个，其属性值 Index 的 0，1，2，分别对应"平面平差"、"高程平差"、"结束" 3 个按钮，点击"平面平差"、"高程平差"按钮，则连续执行平面平差的 4 个步骤或高程平差的 3 个步骤。

（3）命令按钮 Command3 数组。

Command2 按钮数组成员为 4 个，属性值 Index 的 0，1，2，3 分别对应"网图绘制"、"椭圆加大"、"椭圆缩小"、"网图保存"命令按钮。示例程序界面如图 5.1 所示。

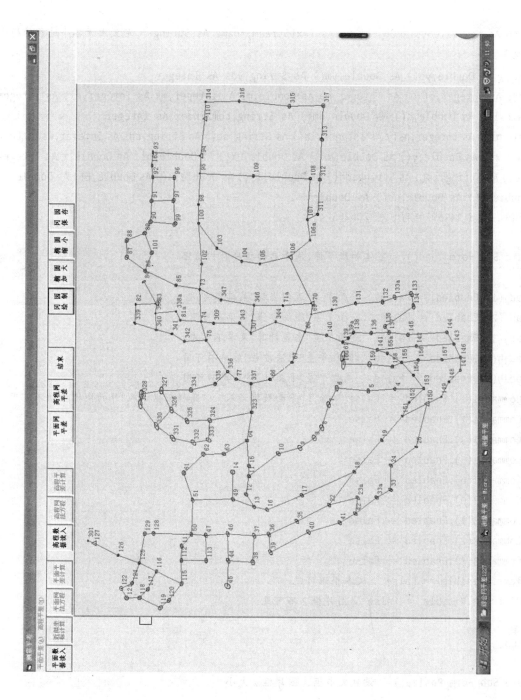

图 5.1 程序界面

5.1.2 程序代码

```
Dim fso As New FileSystemObject,ts As TextStream,fname As String ' 定义用于各个过程的模块
' 级变量
Dim xo() As Double,yo() As Double,ym() As String,yds As Integer
Dim zds As Integer,m(20) As Integer,ma As Double,ms As Integer,mk As Integer,els As Integer
Private l() As Double,s() As Double,dm() As String,com2index As Integer
Private nl() As Integer,ns() As Integer,lb() As String,sb() As String,cds As Integer,ws As Long
Private x() As Double,y() As Double,Nx() As Double,UX() As Double,pll As Double,r As Integer
Dim qd() As String,zd() As String,dh() As Double,ls() As Double,h() As Double,E() As Double,F()
As Double,A() As Double,nb() As Double
Const pi = 3.141592654,q = 206265


Private Sub Form_load() ' 窗体加载事件,用于启动程序时初始化

    adj(1).Enabled = False ' 平面平差"近似坐标"菜单不可用
    adj(2).Enabled = False ' 平面平差"组法方程"菜单不可用
    adj(3).Enabled = False ' 平面平差"平差计算"菜单不可用
    adjh(1).Enabled = False ' 高程平差"组法方程"菜单不可用
    adjh(2).Enabled = False ' 高程平差"平差计算"菜单不可用
    Command1(1).Enabled = False ' 除了"平面数据读入"、"高程数据读入"外的快捷按钮不可用
    Command1(2).Enabled = False
    Command1(3).Enabled = False
    Command1(5).Enabled = False
    Command1(6).Enabled = False
    Command3(0).Enabled = False
    Command3(1).Enabled = False
    Command3(2).Enabled = False
    Command3(3).Enabled = False
    Text1.Visible = False ' 文本框不可见
    Picture2.Visible = False ' 图片框 2 不可见

End Sub

Private Sub Form_Resize() ' 设置文本框、图片框 2 大小

    With Text1 ' 以下属性值前可省略对象名
        .Left = 60 ' 文本框左边缘与窗体左边缘距离为 60
        .Top = Picture1.Height + 20 ' 窗体外框上边缘与屏幕显示区上边缘距离为图片 1 框高度值+20
```

```vb
        .Width = Form1.Width - 120 ' 文本框宽度等于窗体宽度－120
    End With

End Sub

Private Sub Command2_Click(Index As Integer) ' 点击一步平差按钮事件

    com2index = Index
    If Index = 1 Then
        Command1(0) = True ' 运行平面网平差程序
        Command1(1) = True
        Command1(2) = True
        Command1(3) = True
    ElseIf Index = 2 Then
        Command1(4) = True ' 运行高程网平差程序
        Command1(5) = True
        Command1(6) = True
    Else
        End ' 结束程序运行

    End If
End Sub

Private Sub command1_Click(Index As Integer) ' 设置快捷按钮点击与子菜单点击的对应关系
    n = Index
    If n < 4 Then
      adj_Click (n) ' 平面平差4个按钮,Index属性0-3分别对应平面平差:"平面数据读入"、"近
      ' 似坐标计算"、"平面网法方程"、"平面平差计算"子菜单
    Else
      adjh_Click (n - 4) ' 高程平差3个按钮, Index属性0-2,分别对应高程平差"高程数据读
      ' 入"、"高程网法方程"、"高程平差计算"子菜单
    End If

End Sub

Private Sub adj_Click(Index As Integer) ' 平面平差菜单点击子菜单事件

Dim tr(10) As String ' 定义过程级变量
Dim pp As Double,dx As Double,dy As Double
Dim i As Long,j As Long,k As Long,p As Single,n As Long
```

```
Static stri As String
Select Case Index

Case 0 ' 读入观测值文件
Text1.Visible = False
Picture2.Visible = False
CommonDialog1.ShowOpen
fname = CommonDialog1.FileName ' 将用户在"打开"对话框中选择的文件名对变量 fname 赋值
If fname <> "" Then ' 避免没有选中文件时，执行打开文件命令出错
    Set ts = fso.OpenTextFile(fname) ' 将 fname 作为文本文件打开,获取句柄赋值给文本文件对象
    ' 型变量 ts
    j = 0: k = 0: p = 0 ' j 是测站数累计变量,k 是已知点累计变量, p 是数据信息标识变量
    Do While Not ts.AtEndOfStream ' 前测型不计次循环，进入循环的条件是没有读到文件结尾
        Rows = Rows + 1 ' 数据文件行数记数
        b = ts.ReadLine ' 逐行读入文件，置入字符串变量 B
        If b <> "" Then
            b = Trim(b) ' 删除 B 中可能存在的前导和尾随空格
            b = Replace(b,Chr(32),"") ' 删除 b 中间可能有的空格
            b = Replace(b,", ",",") ' 统一逗号格式
            b = LCase(b) ' 如 B 中包含大写字符，近其转换为小写字符
            comma = Len(b) - Len(Replace(b,",","")) ' 统计 1 行中逗号的数量
            If comma = 0 And p = 0 Then MsgBox "数据格式不对,请检查": End ' 第一行数据格式就
            ' 不对,通常是读错文件
            If comma > 0 And comma <> 2 Then MsgBox "数据第" & Rows & "行格式不对,请检查": End
            ' 除了测站外，每一行中应有两个逗号，有逗号但数目不等于 2，则数据有问题
            m(1) = InStr(b,",") ' 查 B 中第一个逗号的左数位置,并保存在数组变量 m(1) 中
            If m(1) <> 0 Then ' B 变量字符串中有逗号
                tr(1) = Mid(b,1,m(1) - 1) ' 提取第一个逗号前的字符串
                m(2) = InStr(m(1) + 1,b,",") ' 查找下一个逗号的位置
                tr(2) = Mid(b,m(1) + 1,m(2) - m(1) - 1) ' 提取第 1、2 两个逗号之间的字符串
                tr(3) = Right(b,Len(b) - m(2)) ' 提取一行中最后一个逗号后的字符串
                If p = 0 Then ' p 等于初始值 0，表明读到的是第一行
                    ma = Val(tr(1)): ms = Val(tr(2)): mk = Val(tr(3)): p = 1 ' 将先验精度指标
                    ' 存入相应的变量，并改变 p 值使这一句不能再执行
                Else ' p<>0，读到的是已知数据或观测值
                    If p = 1 Then ' 读到的是已知点坐标数据行，将已知点名及坐标存入相应的数组
                        k = k + 1
                        ReDim Preserve ym(k): ym(k) = tr(1)
                        ReDim Preserve xo(k): xo(k) = Val(tr(2))
                        ReDim Preserve yo(k): yo(k) = Val(tr(3))
```

```
                End If
            If p = 2 Then ' 读到的是观测值数据行，下面提取、保存数据，并统计观测值信息
                If tr(2) = "l" Then ' 读到的是方向观测值信息
                    nl(j) = nl(j) + 1 ' 对测站 j 最大方向值号变量做递增 1 处理
                    ReDim Preserve lb(nl(j)): lb(nl(j)) = tr(1) ' 对 lb()数组变量扩容
                    ' 1，保存照准点信息
                    ReDim Preserve l(nl(j)): l(nl(j)) = Val(tr(3)) ' 对 l()数组变量扩
                    ' 容 1，保存方向观测值
                Else ' 读到的不是方向观测值
                    ns(j) = ns(j) + 1 ' 对测站 j 最大边长号变量做递增 1 处理
                    ReDim Preserve sb(ns(j)): sb(ns(j)) = tr(1) ' 对 sb()数组变量扩容，
                    ' 保存照准点信息
                    ReDim Preserve s(ns(j)): s(ns(j)) = Val(tr(3)) ' 对 s()数组变量扩
                    ' 容，保存边长观测值
                End If
            End If
        End If ' p=0
    Else ' B 中没有逗号，表明读到了测站信息
        j = j + 1 ' 读到一个测站，测站数累计变量 j 递增 1
        ReDim Preserve dm(j): dm(j) = b ' 点名数组扩容 1，存入测站名
        ReDim Preserve nl(j): nl(j) = nl(j - 1) ' 上一测站最大方向值号，是本测站 j 最
        ' 大方向值号变量 nl(j)计数的初始值
        ReDim Preserve ns(j): ns(j) = ns(j - 1) ' 上一测站最大边长值号，是本测站 j 最
        ' 大边长值号变量 ns(j)计数的初始值
        p = 2 ' 读到测站表明已知点信息已经读完，对数据信息标识变量赋值 p = 2，使处理已
        ' 知点数据语句不能再执行
    End If
    End If ' 不是空行
Loop ' 逐行读取文件循环结束符
ts.Close
cds = j: yds = k ' 用模块级变量 cds ,yds 保存测站点总数、已知点总数
d = cds ' 以下语句在观测值照准点数组中查询未设站的控制点，将其点名录入 dm()数组
For i = 1 To nl(cds) ' 控制网没有方向观测值（三边网）时循环不执行
    p = 0 ' 设识别变量
    For j = 1 To d ' 依次访问所有 dm()数组中的点
        If dm(j) = lb(i) Then p = 1 ' 查看方向观测值照准点是否已录入 dm()数组，是则对
        ' 识别变量 p 赋值 1
    Next j
    If p = 0 Then d = d + 1: ReDim Preserve dm(d): dm(d) = lb(i) ' 如 p=0，表明照准目
    ' 标点未录入,d 值递增 1，将该点点名加入点名数组
```

```vb
    Next i
    For i = 1 To ns(cds) ' 控制网没有边长观测值（三角网）时循环不执行
        p = 0 ' 设识别变量
        For j = 1 To d ' 依次访问所有dm()数组中的点
            If dm(j) = sb(i) Then p = 1 ' 查看边长观测值照准点是否已录入 dm()数组，是则对
            ' 识别变量p赋值1
        Next j
        If p = 0 Then d = d + 1: ReDim Preserve dm(d): dm(d) = sb(i) ' 如 p=0，表明照准目
        ' 标点未设过测站,d值递增1，将该点点名加入点名数组
    Next i
    zds = d ' 将总点数存入模块级变量zds
    CommonDialog1.FileName = ""
    If com2index = 0 Then MsgBox "数据已成功读入",0 + 64 + 0,"数据输入" ' 仅在选择分步计
    ' 算的情况下，弹出消息框
    adj(0).Enabled = False ' "读入数据"菜单不可用
    adj(1).Enabled = True ' "近似坐标"菜单可用
    Command1(0).Enabled = False
    Command1(1).Enabled = True
Else
    End
End If


Case 1 ' 解算近似坐标
ReDim x(zds),y(zds) ' 确定坐标数组大小
For i = 1 To nl(cds) ' 遍访所有方向值，将其由角度值转换为弧度值
    l(i) = Radian(l(i))
Next i
Call coordinat(p) ' 调假设坐标计算通用过程。参数 P 返回解算是否完成的信息
If p = 1 Then MsgBox "假设坐标解算失败，请检查数据。",0 + 64 + 0,"假设坐标解算": End
For i = 1 To yds ' 查点名数组中哪些点是已知点,用 m()数组保存其点号
    For j = 1 To zds
        If ym(i) = dm(j) Then m(i) = j
    Next j
Next i
Call Transformation ' 调通用过程将假设坐标转为近似坐标
stri = Space(11) & "近 似 坐 标 值" & Chr(13) & Chr(13) & Chr(10)
stri = stri & Space(3) & ".点 名" & Space(6) & "X-坐标" & Space(8) & "Y-坐标" & Chr(13) & Chr(10)
For i = 1 To zds ' 将近似坐标按一定格式写成文件，保存在字符型变量中
    d1 = dm(i)
    d1 = Format(d1,"@@@@")
```

```
      X1 = x(i): X1 = Format$(X1,"000000.000")
      y1 = y(i): y1 = Format$(y1,"000000.000")
      stri = stri & Space(5) & d1 & Space(5) & X1 & Space(5) & y1 & Chr(13) & Chr(10)
Next i
Text1.Text = stri ' 将字符变量 stri 赋值给 text1 的 text 属性，控件的属性等同于全局变量
If com2index <> 1 Then Text1.Visible = True ' 在选择分步计算的情况下，在文本框中显示近似
' 坐标供检查
ws = 2 * (zds - yds) ' 未知数数目
dxj = 0
For i = 1 To cds
    If nl(i) - nl(i - 1) > 0 Then dxj = dxj + 1 ' 统计有方向观测值的测站数，以便计算定向
    ' 角未知数数目
Next i
If nl(cds) = 0 Then
    r = ns(cds) - ws ' 测边网求多余观测数
Else
    r = nl(cds) + ns(cds) - ws - dxj ' 边角网求多余观测数
End If
If r = 0 Then
    MsgBox "没有多余观测值,计算结束,选择文件名保存计算结果",0 + 64 + 0,"近似坐标"
    Do
        CommonDialog1.FileName = ""
        CommonDialog1.ShowSave ' 打开公共对话框中的"Save As"对话框
        CommonDialog1.Filter = "All Files (*.*)|*.*|Text Files" & "(*.txt)|*.txt|Batch Files
        (*.bat)|*.bat"
        fname = CommonDialog1.FileName ' 选择不覆盖同名文件时，返回"另存"对话框
    Loop While Len(fname) = 0
    Set ts = fso.CreateTextFile(fname,True)
    ts.Write Text1.Text
End If
adj(1).Enabled = False ' "近似坐标"菜单不可用
adj(2).Enabled = True ' "组法方程"菜单可用
Command1(1).Enabled = False
Command1(2).Enabled = True


Case 2 ' 组法方程

Text1.Visible = False
Dim l1 As Double,nc() As Double ' 定义过程级变量
pll = 0
```

```
n1 = ws * (ws + 1) / 2 ' 确定一维存储法方程系数数组上限
ReDim Nx(n1),UX(ws) ' 重新定义法方程系数、常数数组
For i = 1 To cds ' 按测站循环
    zo = 0 ' 将按测站累积的定向角和变量,在新测站前清零
    k1 = nl(i - 1) + 1: k2 = nl(i) ' k1,k2 分别是 i 测站上最小和最大方向号
    If k2 > k1 Then
        For j = k1 To k2 ' 在 i 测站上按方向循环, 求定向角未知数
            k = Seqn(lb(j))
            dx = x(k) - x(i): dy = y(k) - y(i)
            t = Azimuth(dx,dy)
            f1 = t - l(j): If f1 < 0 Then f1 = f1 + 2 * pi ' f1 是解算的零方向方位角,当零
            ' 方向方位角大于其他方向方位角时, t-l(j)值会小于 0
            zo = zo + f1
    Next j
    zo = zo / (k2 - k1 + 1) ' zo 是定向角未知数（零方向的坐标方位角）
    ReDim nc(ws):  ln = 0 ' 定义和方程系数数组容量,并且每循环到一新测站前清零, ln 是
    ' 和方程常数项
    For j = k1 To k2 ' 在 i 测站上再次按方向循环, 求误差方程系数、常数
        ReDim nb(ws) ' 每循环到一新方向前,对误差方程系数数清零
        k = Seqn(lb(j))
        dx = x(k) - x(i): dy = y(k) - y(i)
        ss = Sqr(dx ^ 2 + dy ^ 2) ' 反算边长
        t = Azimuth(dx,dy) ' 反算坐标方位角
        a1 = q * Sin(t) * 10 ^ -2 / ss: b1 = -q * Cos(t) * 10 ^ -2 / ss ' 求方向误差
        ' 方程系数
        cha = Charact(i,ys) ' 自定义函数, 查测站点 i 是否已知点, 如不是用 ys 返回 i 前面
        ' 已知点数
        If cha = "n" Then ' 点号为 i 的测站点不是已知点
            d = 2 * (i - ys - 1) + 1 ' 计算测站 i 点 x 坐标未知数编号
            nb(d) = a1: nb(d + 1) = b1 ' 对误差方程系数数组赋值
            nc(d) = nc(d) + nb(d): nc(d + 1) = nc(d + 1) + nb(d + 1) ' 把误差方程系
            ' 数累积到和方程系数数组中去
        End If
        chb = Charact(k,ys) ' 查照准方向点 k 是否为已知点, 如不是,用 ys 返回 z 前面已知点数
        If chb = "n" Then ' 照准方向点不是已知点
            d = 2 * (k - ys - 1) + 1 ' 计算照准方向点 x 坐标未知数编号
            nb(d) = -a1: nb(d + 1) = -b1 ' 对误差方程系数数组赋值
            nc(d) = nc(d) + nb(d): nc(d + 1) = nc(d + 1) + nb(d + 1) ' 把误差方程系数
            ' 累积到和方程系数数组中去
        End If
```

```
                If t - zo < -0.01 Then t = t + 2 * pi ' 当零方向坐标方位角大于其他方向时,
                ' t - zo 为负值, 需要加 360 度
                l1 = q * (t - zo - l(j)) ' 误差方程常数项, 以秒为单位
                ln = ln + l1: pll = pll + l1 ^ 2 ' 累积和方程常数项及求[pvv]的[Pll]值
                pp = 1 ' 方向观测值的权为 1
                If cha <> "y" Or chb <> "y" Then Call Equation(nb(),pp,l1,ws) ' 方向值误差方
                ' 程组法方程, 参数分别是误差方程系数数组、权、误差方程常数项、未知数数目
          Next j
          pp = -1 / (k2 - k1 + 1): l1 = ln ' pp 是和方程的权, 定向角近似值采用平均值 ln 应为 0
          Call Equation(nc(),pp,l1,ws) ' 和方程组法方程, nc()是一测站方向误差方程和方程数组
        End If
        For j = ns(i - 1) + 1 To ns(i) ' 依次遍访 i 测站上各观测边, 如果 i 测站没有观测边循环不执行
          ReDim nb(ws) ' 每循环到一新边长前对误差方程系数数组 nb()清零
          k = Seqn(sb(j))
          dx = x(k) - x(i): dy = y(k) - y(i)
          t = Azimuth(dx,dy)
          a1 = Cos(t): b1 = Sin(t)
          cha = Charact(i,ys) ' 自定义函数, 查测站点 i 是否为已知点, 如不是用 ys 返回 i 前面已知点数
          If cha = "n" Then ' 测站点 i 不是已知点
              d = 2 * (i - ys - 1) + 1 ' 计算测站 i 点 x 坐标未知数编号
              nb(d) = -a1: nb(d + 1) = -b1
          End If
          chb = Charact(k,ys)
          If chb = "n" Then ' 照准方向点 h 不是已知点
              d = 2 * (k - ys - 1) + 1 ' 计算照准方向 h 点 x 坐标未知数编号
              nb(d) = a1: nb(d + 1) = b1
          End If
          ss = Sqr(dx ^ 2 + dy ^ 2) ' 反算边长, 求误差方程常数项
          pp = (ma / (0.1 * ms + mk * ss * 10 ^ -4)) ^ 2 ' 边长观测值定权
          l1 = (ss - s(j)) * 100 ' 求边误差方程常数(单位是厘米)
          Call Equation(nb(),pp,l1,ws)
          pll = pll + pp * l1 ^ 2 ' 累积用于求[pvv]的[Pll]值
        Next j
  Next i ' 一个测站的误差方程处理完毕, 进入下一测站
  Erase nc() ' 清除不再使用的数组 nc()
  Text1.Visible = False
  If com2index = 0 Then MsgBox ("法方程组成完毕") ' 在选择分步计算的情况下, 弹出消息框
  adj(2).Enabled = False ' "组法方程"菜单不可用
  adj(3).Enabled = True ' "解法方程"菜单可用
  Command1(2).Enabled = False
```

```vb
      Command1(3).Enabled = True

Case 3 ' 高斯约化法解法方程
ReDim nb(ws) ' 数组清零
For i = 1 To ws
    nb(i) = -UX(i) ' 将法方程常数项反号赋予数组 nb(),保留原值用于求 pvv
Next i
Call Slequation(nb(),ws) ' 调用高斯约化解法方程通用过程解算法方程
pvv = pll
For i = 1 To ws ' 按[pvv]=[pll]+W*X 求[[pvv]
    pvv = pvv + UX(i) * nb(i)
Next i
For i = 1 To zds ' 求坐标平差值
    cha = Charact(i,ys) ' 调自定义函数检查点 i 是否为已知点, 如不是用 ys 返回 i 前面有几个已知点
    If cha = "n" Then ' 点号 i 的点不是已知点
        d = 2 * (i - ys - 1) + 1 ' 计算 i 点 x 坐标未知数编号
        x(i) = x(i) + nb(d) / 100 ' 坐标改正数单位是厘米
        y(i) = y(i) + nb(d + 1) / 100
    End If
Next i
ma = Sqr(pvv / r) ' 求单位权中误差
Call Inversion(Nx(),nb(),ws) ' 将约化后的法方程系数阵送入通用过程 Inversion()求逆
Call Output ' 调用通用过程计算及输出平差成果
Text1.Visible = True
MsgBox ("法方程解算完毕,选择文件名保存平差成果")
Do
    CommonDialog1.FileName = ""
    CommonDialog1.ShowSave ' 打开公共对话框中的"Save As"对话框
    fname = CommonDialog1.FileName ' 选择不覆盖同名文件时, 返回"另存"对话框
Loop While Len(fname) = 0
Set ts = fso.CreateTextFile(fname,True)
ts.Write Text1.Text
adj(3).Enabled = False ' "解法方程"菜单不可用
Command1(3).Enabled = False
Command1(0).Enabled = True
Command3(0).Enabled = True
End Select
End Sub


Private Sub adjh_Click(Index As Integer) ' 高程平差子菜单点击事件
```

```vb
Dim tr(5) As String ' 定义过程级变量
Dim pp As Double,l1 As Double
Dim i As Long,j As Long,k As Long
Static n As Long,stri As String ' 在这声明的动态变量，在一个子菜单过程执行完毕后，内容会
' 被释放，定义的数组容量也会清除。要使其能进入任何一个子菜单，可以声明为静态变量
Select Case Index

Case 0 ' 读入数据文件（高程网）
Text1.Visible = False
CommonDialog1.ShowOpen ' 启动公共对话框控件
fname = CommonDialog1.FileName ' 将用户在"打开"对话框中选择的文件名对变量 fname 赋值
If fname <> "" Then ' 没有选择文件时、避免打开一个不存在的文件时出错
    Set ts = fso.OpenTextFile(fname) ' 将 fname 作为文本文件打开,并获取句柄赋值给文本对象
    ' 型变量 ts
    n = 0:  yds = 0 ' 对观测值和已知点数统计变量赋初值，这些变量初始值本为 0，此语句目的
    ' 是增加可读性
    Do While Not ts.AtEndOfStream ' 前测型不计次循环，结束循环的条件是读到文件结尾
        b = ts.ReadLine ' 逐行读取文件并置入变量 b
        If b <> "" Then
            i = 0
            b = Trim(b) ' 删除 b 可能有的前导和尾随空格
            b = Replace(b,Chr(32),"") ' 删除 b 中间可能有的空格
            b = Replace(b,"，",",") ' 统一逗号格式
            b = LCase(b) ' 为防止点名字母大小写不一致输入错误，将其统一转换为小写
        ms = Len(b) - Len(Replace(b,",","")) ' 查行中逗号数目
        If ms <> 3 And ms <> 1 Then MsgBox "请检查数据" & b: End ' 逗号数目不对,说明
        ' 数据格式不对
        Do
            i = i + 1
            m(i) = InStr(m(i - 1) + 1,b,",") ' 从指定位置起，查询 b 中逗号的左数位置
            If m(i) <> 0 Then tr(i) = Mid(b,m(i - 1) + 1,m(i) - m(i - 1) - 1) ' 从指
            ' 定位置开始，提取 b 中指定数目的字符
        Loop While m(i) <> 0 ' 后测型 Do... Loop 循环结束条件是行中逗号已查询完毕
        tr(i) = Right(b,Len(b) - m(i - 1)) ' 提取 b 中以逗号分隔的最后一个字符串
        If m(2) = 0 Then ' 读到的是已知高程数据
            yds = yds + 1: ReDim Preserve dm(yds): dm(yds) = tr(1): ReDim Preserve h(yds):
            ' h(yds) = Val(tr(2)) ' 该行中只有一个逗号,说明读到已知高程了
        Else ' 第二个逗号不为 0，说明读到观测值了，以下将逗号分隔的字符串分别存入相
        ' 应的数组变量
            n = n + 1: ReDim Preserve qd(n): qd(n) = tr(1): ReDim Preserve zd(n): zd(n) = tr(2)
```

```
                    ReDim Preserve dh(n): dh(n) = Val(tr(3)): ReDim Preserve ls(n): ls(n) = Val(tr(4))
            End If
        End If
    Loop
Else
    End
End If
zds = yds ' 将 yds 赋值给 zds，总点数统计将以已知点数 yds 为起点
For i = 1 To n ' 建立控制点点名数组 dm()
    p1 = 0: p2 = 0
    For j = 1 To zds
        If dm(j) = qd(i) Then p1 = 1
        If dm(j) = zd(i) Then p2 = 1
    Next j
    If p1 = 0 Then zds = zds + 1: ReDim Preserve dm(zds): dm(zds) = qd(i) ' p1=0 说明 qd(i)
    ' 没有录入 dm()数组
    If p2 = 0 Then zds = zds + 1: ReDim Preserve dm(zds): dm(zds) = zd(i) ' p2=0 说明 zd(i)
    ' 没有录入 dm()数组
Next i
ts.Close
If com2index <> 1 Then MsgBox "数据已成功读入",0 + 64 + 0,"数据输入" ' 仅在选择分步计算的
' 情况下，弹出消息框
adjh(0).Enabled = False ' "读入数据"菜单不可用
adjh(1).Enabled = True ' "组法方程"菜单可用
Command1(4).Enabled = False
Command1(5).Enabled = True


Case 1 ' 组法方程（高程网）

ReDim Preserve h(zds) ' 定义高程值数组大小
Sum = 0
Do ' 计算近似高程
    For i = 1 To n
        k1 = Seqn(qd(i)): k2 = Seqn(zd(i)) ' 查询观测高差起点和终点点号
        If h(k1) <> 0 And h(k2) = 0 Then h(k2) = h(k1) + dh(i) ' 起点高程已知，终点高程未
        ' 知，计算终点高程
        If h(k1) = 0 And h(k2) <> 0 Then h(k1) = h(k2) - dh(i) ' 终点高程已知，其点高程未
        ' 知，计算起点高程
    Next i
    p = 0
```

```
    For i = 1 To zds ' 检查是否有点的近似高程未算出
        If h(i) = 0 Then p = 1
    Next i
    Sum = Sum + 1
Loop Until p = 0 Or Sum > zds ' 如还有没算出的点,进入循环继续计算,直至算完或循环次数足够,
' 仍不能全部算出为止
If Sum > zds Then MsgBox ("近似高程计算失败,请检查观测值文件"): End
stri = Space(2) & "控制点近似高程" & Chr(13) & Chr(10)
stri = stri & Space(6) & "点 名" & Space(4) & "高程近似值" & Space(6) & Chr(13) & Chr(10)
For i = 1 To zds
    d1 = dm(i)
    d1 = Format(d1,"@@@@")
    X1 = h(i): X1 = Format(X1,"#######.000")
    stri = stri & Space(8) & d1 & Space(7) & X1 & Space(10) & Chr(13) & Chr(10)
Next i
Text1.Text = stri
Text1.Visible = True
ws = zds - yds ' 计算未知数数目
r = n - ws ' 计算多余观测数
If r = 0 Then
    MsgBox ("没有多余观测数,平差结束。请选择文件名保存计算结果。")
    Do
        CommonDialog1.FileName = ""
        CommonDialog1.ShowSave ' 打开公共对话框中的"Save As"对话框
        fname = CommonDialog1.FileName ' 选择不覆盖同名文件时,返回"另存"对话框
    Loop While Len(fname) = 0
    Set ts = fso.CreateTextFile(fname,True)
    ts.Write stri: End ' 保存文件,结束程序运行
End If
pll = 0
n1 = ws * (ws + 1) / 2
ReDim Nx(n1): ReDim UX(ws)
For i = 1 To n ' 依次提取观测值,计算误差方程系数和常数,组成法方程
    ReDim nb(ws)
    k1 = Seqn(qd(i)): k2 = Seqn(zd(i))
    If k1 > yds Then nb(k1 - yds) = 1
    If k2 > yds Then nb(k2 - yds) = -1
    l1 = (h(k1) + dh(i) - h(k2)) * 100 ' 误差方程常数项以厘米为单位
    If ls(i) = 0 Then MsgBox ("请检查第" & i & "行观测值"): End ' 为避免观测值录入错误造成
    ' 溢出,设置提示并退出程序运行
```

```
    pp = ls(1) / ls(i) ' 高差观测值定权
    pll = pll + pp * l1 ^ 2 ' 累积求[pvv]的[Pll]值
    Call Equation(nb(),pp,l1,ws) ' 组法方程，参数分别是误差方程系数数组、权、误差方程常数
    ' 项和未知数数目
Next i
Text1.Visible = False
If com2index <> 1 Then MsgBox ("法方程组成完毕") ' 在选择分步计算的情况下，弹出消息框
adjh(1).Enabled = False ' "组法方程"菜单不可用
adjh(2).Enabled = True ' "解法方程"菜单可用
Command1(5).Enabled = False
Command1(6).Enabled = True


Case 2 ' 高斯约化法解法方程(高程网)
For i = 1 To ws
    nb(i) = -UX(i) ' 将法方程常数项反号赋予数组 nb(),保留原值用于求 pvv
Next i
Call Slequation(nb(),ws) ' 调用高斯约化解法方程通用过程
pvv = pll
For i = 1 To ws ' 按[pvv]=[pll]+W*X 求[[pvv]
    pvv = pvv + UX(i) * nb(i)
Next i
ma = Sqr(pvv / r) ' 求单位权中误差
For i = 1 To ws ' 将高程近似值加法方程解算未知数 ( 高程近似值改正数 )
    h(i + yds) = h(i + yds) + nb(i) / 100 ' 改正数单位是厘米
Next i
Call Inversion(Nx(),nb(),ws) ' 将约化后的法方程系数阵送入通用过程 Inversion()求逆
For i = 1 To ws
    n1 = i * (i + 1) / 2
    nb(i) = ma * Sqr(Nx(n1)) ' 求高程平差值中误差
Next i
stri = Text1.Text
stri = stri & Space(8) & "平差成果表" & Chr(13) & Chr(10)
stri = stri & Space(8) & "点 名" & Space(4) & "高程平差值" & Space(6) & "高程中误差" & Chr(13)
& Chr(10)
For i = 1 To zds
    d1 = dm(i)
    d1 = Format(d1,"@@@@")
    X1 = h(i): X1 = Format(X1,"#######.000")
    If i > yds Then
        mh = nb(i - yds)
```

```
        Else
            mh = 0
        End If
        mh = Format(mh,"00.00")
        stri = stri & Space(7) & d1 & Space(7) & X1 & Space(10) & mh & Chr(13) & Chr(10)
Next i
stri = stri & Space(8) & "高差平差值及中误差" & Chr(13) & Chr(10)
stri = stri & Space(8) & "起    点" & Space(4) & "终    点" & Space(4) & "高差平差值" & Space(6)
& "中误差" & Chr(13) & Chr(10)
For i = 1 To n
    k1 = Seqn(qd(i)) ' k1 是起点点号
    k2 = Seqn(zd(i)) ' k2 是终点点号
    ss = h(k2) - h(k1) ' 求高差平差值
    qh = Heitweight(k1,k2) ' 求高差平差值权倒数
    mdh = ma * Sqr(qh) ' 求高差中误差,单位是厘米
    d1 = Format(qd(i),"@@@@")
    d2 = Format(zd(i),"@@@@")
    If ss > 0 Then
        fh = "+"
    Else
        fh = "-": ss = Abs(ss)
    End If
    s1 = Int(ss * 1000) / 1000
    s1 = Format(s1,"000.000")
    mdh = Format(mdh,"00.0")
    stri = stri & Space(7) & d1 & Space(7) & d2 & Space(7) & fh & s1 & Space(10) & mdh & Chr(13) & Chr(10)
Next i
Text1.Text = stri ' 将字符变量 stri 显示在文本框 text1 中
Text1.Visible = True
MsgBox ("法方程解算完毕, 选择文件名保存平差文件")
Do
    CommonDialog1.FileName = ""
    CommonDialog1.ShowSave ' 打开公共对话框中的"Save As"对话框
    fname = CommonDialog1.FileName ' 选择不覆盖同名文件时, 返回"另存"对话框
Loop While Len(fname) = 0
Set ts = fso.CreateTextFile(fname,True)
ts.Write stri
adjh(0).Enabled = True
adjh(2).Enabled = False ' "解法方程"菜单不可用
Command1(6).Enabled = False
```

```vbnet
Command1(4).Enabled = True


End Select
End Sub


Private Sub Command3_Click(Index As Integer) ' 平面控制网图绘制按钮点击事件过程
Static els As Integer ' 静态变量els是椭圆缩放系数
Select Case Index


Case 0
Text1.Visible = False
Picture2.Cls
minx = x(1): miny = y(1)
For i = 1 To zds ' 查询控制点X、Y坐标最大值和最小值
    If x(i) < minx Then minx = x(i)
    If x(i) > maxx Then maxx = x(i)
    If y(i) > maxy Then maxy = y(i)
    If y(i) < miny Then miny = y(i)
Next i
hight = maxx - minx ' 计算绘图区域纵坐标范围
wide = maxy - miny ' 计算绘图区域横坐标范围
Picture2.Height = Form1.Height - Picture1.Height - 1000 ' 设置图片框2高度为窗体高度-图片
' 框1的高度（twip）-1000
Picture2.Width = Picture2.Height * wide / hight ' 按照控制点分布范围矩形宽/高比设置图片框
' 2宽度
If Picture2.Width > (Form1.Width) Then ' 图片框2宽度超过窗体宽度
    Picture2.Width = Form1.Width - 1000 ' 图片框2最大宽度为窗体宽度-1000（twip）
    Picture2.Height = Picture2.Width * hight / wide ' 在确定了宽度的条件下，按控制点分布范
    ' 围矩形高/宽比设置图片框2高度
End If
Picture2.Left = (Form1.Width - Picture2.Width) / 2 ' 设置图片框与窗体左边缘间距,使其在窗
' 体上水平居中
ks = Picture2.Height / hight * 0.9 ' 计算屏幕坐标与测量坐标长度单位比值
tris = 150 ' 设置已知点三角形符号边长，单位是屏幕坐标系单位twip
Picture2.FontSize = 10 ' 设置点名输出字体大小
For i = 1 To zds ' 控制点符号绘制
    Call screen(i,maxx,miny,ks,xp,yp) ' 调自定义通用过程，将控制点测量坐标x(i),y(i)转换
    ' 为屏幕坐标系坐标xp,yp
    Picture2.CurrentX = xp: Picture2.CurrentY = yp ' 确定输出控制点点名的位置
    Picture2.Print " " & dm(i) ' 在图片框2上输出点名
```

```
    p = 0
    For j = 1 To yds
        If m(j) = i Then ' 条件成立时是已知点,绘三角形符号
            ya = yp - tris * Sin(pi / 3) / 2: xa = xp
            yb = yp + tris * Sin(pi / 3) / 2: xb = xp - tris / 2
            yc = yb: xc = xp + tris / 2
            Picture2.Line (xa,ya)-(xb,yb),vbRed
            Picture2.Line (xb,yb)-(xc,yc),vbRed
            Picture2.Line (xc,yc)-(xa,ya),vbRed
            p = 1
        End If
    Next j
    If p = 0 Then ' 条件成立就是待定点
        Picture2.Circle (xp,yp),20 ' 待定点绘制圆符号,20是圆半径, 单位twip
        Call Drawellipse(xp,yp,ks,i,els) ' 调自定义通用过程, 绘制误差椭圆
    End If
Next i
For i = 1 To cds
    Call screen(i,maxx,miny,ks,xp1,yp1)
    For j = nl(i - 1) + 1 To nl(i) ' 方向循环,在有观测方向的两点间连线
        k = Seqn(lb(j))
        Call screen(k,maxx,miny,ks,xp2,yp2)
        Picture2.Line (xp1,yp1)-(xp2,yp2) ' 在图片框2上以直线连接测站点和照准点
    Next j
    For j = ns(i - 1) + 1 To ns(i) ' 边长循环,在有观测边的两点间连线。单纯测边网两点间没
    ' 有观测方向值
        k = Seqn(sb(j))
        Call screen(k,maxx,miny,ks,xp2,yp2)
        Picture2.Line (xp1,yp1)-(xp2,yp2)
    Next j
Next i
Picture2.Visible = True
Command3(1).Enabled = True
Command3(2).Enabled = True
Command3(3).Enabled = True

Case 1 ' 误差椭圆加大按钮点击事件
els = els + 2 ' 执行1次, els递增2
Command3(0) = True
Case 2 ' 点击误差椭圆缩小按钮事件
```

```
els = els - 2  ' 执行 1 次，els 递减 2
Command3(0) = True
If els = -4 Then Command3(2).Enabled = False  ' 消除误差椭圆后，使命令按钮不可用

Case 3  ' 保存控制网图按钮点击事件
    CommonDialog1.ShowSave  ' 打开公共对话框中的"Save As"对话框
    fname = CommonDialog1.FileName
    SavePicture Picture2.Image,fname & ".jpg"


End Select
End Sub


Private Function Radian(ang As Double) As Double  ' 角度转弧度函数

Dim b As String,c As String,d As String,s As String
s = str(ang)  ' 将数字转化为字符串
a1 = InStr(s,".") - 1  ' 查询度数值的位数
If a1 < 1 Then  ' 角度值是整数
    b = s
Else
    b = Mid(s,1,a1)  ' 从首位开始在 s 中提取 a 位数值，即 b 是角度值的整度数字段
    c = Mid(s,a1 + 2,2)  ' c 是角度值的整分数字段
    d = Mid(s,a1 + 4,2)  ' d 是角度值的整秒数字段
End If
Radian = pi * (Val(b) + Val(c) / 60 + Val(d) / 3600) / 180  ' 将度、分、秒转换为以度为单位
' 求和，并乘 1 度的弧度值


End Function

Private Function Azimuth(dx As Double,dy As Double)  ' 反算坐标方位角函数

  If dx <> 0 Then
    Azimuth = Atn(dy / dx)
    If dx < 0 Then
      Azimuth = Azimuth + pi
    Else
      If dy < 0 Then Azimuth = Azimuth + 2 * pi
    End If
  Else
    Azimuth = pi / 2
```

```
    If dy < 0 Then Azimuth = 3 * pi / 2
 End If

End Function

Private Function Seqn(str As String) As Long ' 由点名查计算点号函数

For i = 1 To zds
    If str = dm(i) Then Seqn = i ' 将查到的点号赋给函数名,返回调用处
Next i

End Function

Private Function Sid(i,j) As Double ' 提取观测边长函数。i 是测站号，j 是方向号

Sid = 0
For k = ns(i - 1) + 1 To ns(i)
    If sb(k) = lb(j) Then Sid = s(k) ' 依次将观测边 k 的照准点名与 j 方向照准点名对比，相等
    ' 则赋值 Sid = s(k)
Next k
n = Seqn(lb(j)) ' 由照准点点名查点号
If Sid = 0 And n < cds Then ' 在测站上没有查到观测边。照准点上可能没有设过站，所以要设置
' 条件 n<cds
    For k = ns(n - 1) + 1 To ns(n)
        If sb(k) = dm(i) Then Sid = s(k) ' 依次将 n 测站上观测边照准点名与 i 测站点名对比，
        ' 相等则赋值 Sid = s(k)
    Next k
End If

End Function

Private Function Charact(n1,n2) As String ' 查询控制点属性函数。查询 n1 点是否已知点,若不
' 是则用 n2 返回点号小于 n1 的已知点数

n2 = 0: Charact = "n"
For k = 1 To yds
  If n1 = m(k) Then ' m(k) 中保存的是已知点号，等号成立则 n1 是已知点
    Charact = "y" ' n1 是已知点
  Else
    If n1 > m(k) Then n2 = n2 + 1 ' n1 不是已知点,用 n2 统计该点号前有几个已知点
```

```
        End If
Next k


End Function


Private Sub Equation(b() As Double,p As Double,l As Double,n As Long) ' 组法方程通用过程


For i = 1 To n ' 按未知数循环
    If b(i) <> 0 Then ' 通过判断去掉积为 0 的乘积,可以提高计算速度
        UX(i) = UX(i) + p * b(i) * l ' 组法方程常数项
        For j = i To n
            If b(j) <> 0 Then
                k = (j - 1) * j / 2 + i ' 计算未知数 xi、xj 的系数互乘值,在法方程系数一维
                    ' 储存数组变量中的下标
                Nx(k) = Nx(k) + b(j) * b(i) * p ' 组法方程系数阵
            End If
        Next j
    End If
Next i


End Sub


Private Function Angle(ang As Double) As Double ' 弧度转角度函数


    b0 = ang * 180 / pi ' 将弧度值 l 转换为角度值,单位是度
    b1 = Int(b0) ' b1 是整度数字段
    b3 = (b0 - b1) * 60 ' 将整度以下字段以分为单位表示
    b2 = Int(b3) ' 提出整分数字段置于 b2
    b3 = (b3 - b2) * 60 ' 将整分以下字段以秒为单位表示
    Angle = b1 + b2 / 100 + b3 / 10000 ' 将角度值表示为###.####的格式


End Function


Private Function Side(n,m) ' 反算已知边长函数。n、m 是查询号点,若都是已知点,就调已知坐
' 标反算边长


For i = 1 To yds
    If ym(i) = dm(n) Then k1 = i ' 通过和已知点名对比确定 n 点是否为已知点,是,则记录下在
    ' 已知点点名数组 ym()中的下标
    If ym(i) = dm(m) Then k2 = i
```

```vb
Next i
If k1 <> 0 And k2 <> 0 Then ' 条件是 n、m 两个点都是已知点
    dx = xo(k1) - xo(k2): dy = yo(k1) - yo(k2)
    Side = Sqr(dx ^ 2 + dy ^ 2)
End If


End Function


Private Sub Inversion(A() As Double,w() As Double,n As Long) ' 约化法方程系数阵求逆通用过
' 程。参数 A()是约化后法方程系数数组，W()是临时保存逆阵元素数组，n 是未知数数目


For i = n To 1 Step -1 ' 循环变量 i 控制欲求逆阵元素所在的行数，顺序是由下而上
    d = i * (i + 1) / 2 ' 法方程系数阵中 i 行主对角线元素下标
    If i = n Then ' 条件成立就是最后一行,这一行不需回代
        A(d) = 1 / A(d) ' 约化法方程系数阵下标最大的单元改存对应的逆阵元素
    Else ' 以下从倒数第 2 行起，按由下而上、由右而左的顺序求逆阵元素
        For j = n To i Step -1 ' 循环变量 j 的作用是在 i 行内控制求逆阵元素所在的列数，方向
        ' 是由右而左
            ss = 0: If j = i Then ss = 1 ' 对求逆阵元素方程常数项赋值。行列号相等则逆阵元
            ' 素是主对角线上元素,因而对应常数值为 1，求其余逆阵元素，常数项都是 0
            For k = n To i + 1 Step -1 ' 循环变量 k 控制回代次数
                If k > j Then
                    m1 = (k - 1) * k / 2 + j ' m1 是约化法方程系数阵中,j 行从右到左各元素编号
                Else
                    m1 = (j - 1) * j / 2 + k ' 循环变量 j 固定，随着循环变量 k 值从 n→i+1
                    ' 变化，m1 分别是约化法方程系数阵 j 列中由 n→i+1 行元素下标,这些数组元
                    ' 素保存的是已置入逆阵元素
                End If
                m2 = (k - 1) * k / 2 + i ' 随着 k 值从 n→i+1 变化，m2 分别是约化法方程系数
                ' 阵中 i 行从右到左各数组元素下标
                If m1 <> m2 Then ' m2 总是小于或等于 m1,只有在 i=j 时相等
                    ss = ss - A(m2) * A(m1) ' 法方程系数阵中 i 行约化系数与 j 行逆阵同列元
                    ' 素相乘
                Else
                    ss = ss - A(m2) * w(k) ' 法方程系数阵中 i 行约化系数与临时数组中逆阵元
                    ' 素相乘
                End If
            Next k
            w(j) = ss / A(d) ' 求逆阵元素
        Next j
```

```
            For k = n To i Step -1  ' 循环中将约化后法方程系数数组第 i 行元素置换为逆阵元素
                d = (k - 1) * k / 2 + i
                A(d) = w(k)
            Next k
        End If
    Next i


End Sub  ' 求逆完毕,此时约化法方程系数阵中元素已是逆阵元素


Private Static Sub Slequation(nb() As Double,n As Long)  ' 高斯约化解法方程通用过程


For k = 1 To n - 1  ' 循环变量 k 实际上控制约化次数, k 等于几即进行几次约化
    m1 = k * (k + 1) / 2  ' m1 是 k 行的自乘元素在法方程系数一维数组下标
    For j = k + 1 To n  ' k 次约化的行数为 n-k,通过 j 循环, 依次完成 k 行以下各行的 k 次约化
        m2 = (j - 1) * j / 2 + k  ' m2 是 k 行中列数等于 j 的元素在一维数组中的下标
        nb(j) = nb(j) - nb(k) * Nx(m2) / Nx(m1)  ' 约化法方程常数项
        For i = j To n  ' i 循环内完成法方程系数阵 j 行元素的 k 次约化
            d = (i - 1) * i / 2
            n1 = d + k  ' 与约化元素同列的 k 行元素在法方程系数阵一维数组中下标
            n2 = d + j  ' 被约化元素在法方程系数阵一维数组中下标
            Nx(n2) = Nx(n2) - Nx(n1) * Nx(m2) / Nx(m1)  ' 约化法方程系数项
        Next i
    Next j
Next k
For k = n To 1 Step -1  ' 在 k 循环内回代求解未知数
    If k < n Then  ' 最后一个未知数求解不需要回代
        For i = k + 1 To n  ' 循环变量 i 控制回代次数
            nub = (i - 1) * i / 2 + k  ' 回代时与已求未知数相乘的约化法方程系数在一维数组
            ' 中的下标
            nb(k) = nb(k) - Nx(nub) * nb(i)
        Next i
    End If
    nub = k * (k + 1) / 2  ' k 行自乘元素在一维数组中下标
    nb(k) = nb(k) / Nx(nub)  ' 求得未知数后存入 nb()数组变量, 置换原来的值
Next k


End Sub


Private Static Sub Transformation()  ' 平面坐标转换通用过程
```

```
    Dim dx As Double,dy As Double
    dx = x(m(2)) - x(m(1))
    dy = y(m(2)) - y(m(1))
    s1 = Sqr(dx ^ 2 + dy ^ 2) ' 两已知点假设坐标反算边长
    t1 = Azimuth(dx,dy) ' 两已知点假设坐标反算方位角
    dx = xo(2) - xo(1)
    dy = yo(2) - yo(1)
    s2 = Sqr(dx ^ 2 + dy ^ 2) ' 两已知点已知坐标反算边长
    t2 = Azimuth(dx,dy) ' 两已知点已知坐标反算坐标方位角
    ks = s2 / s1 ' 坐标转换尺度比
    dt = t2 - t1 ' 针对第一个已知点的旋转角
    X1 = x(m(1)): y1 = y(m(1)) ' x1、y1 是旋转中心假设坐标
    For i = 1 To zds ' 按总点数循环，循环中完成坐标转换
        dx = x(i) - X1: dy = y(i) - y1 ' 将要转换的点，平移为以旋转中心为原点的独立坐标系中
        x(i) = xo(1) + ks * (dx * Cos(dt) - dy * Sin(dt))
        y(i) = yo(1) + ks * (dx * Sin(dt) + dy * Cos(dt))
    Next i
    For i = 1 To yds ' 置入已知点坐标
        x(m(i)) = xo(i): y(m(i)) = yo(i)
    Next i


End Sub


Private Sub coordinat(p As Single) ' 混合网假设坐标计算通用过程。p 参数传递坐标解算是否完
' 成的信息


Dim dx As Double,dy As Double
If ns(cds) = 0 Then ' 没有观测边就是纯三角网
    k = Seqn(lb(1))
    x(1) = 1000000: y(1) = 1000000: x(k) = 1010000: y(k) = 1010000 ' 赋起算点假设坐标
    Call triangulation(p) ' 调三角网假设坐标计算通用过程
  ElseIf nl(cds) = 0 Then ' 没有方向观测值就是纯三边网
    k = Seqn(sb(1))
    x(1) = 1000000: y(1) = 1000000: k = Seqn(sb(1))
    x(k) = x(1) + s(1) * Cos(0): y(k) = y(1) + s(1) * Sin(0) ' 对第一点和它的第一条边照准
    ' 点赋假设坐标
    Call trilateration(p) ' 调三边网假设坐标计算通用过程
  Else ' 不是上述情况就是混合网
    For i = 1 To cds ' 查找合适的点,赋假设坐标
        For j = nl(i - 1) + 1 To nl(i)
```

```
            ss = Sid(i,j)  ' 查观测边长,参数 i 是测站点号, j 是照准方向号
            If ss <> 0 Then Exit For  ' 测角三角网点没有观测边,因而需要确定 i 测站是否有观
            ' 测边,有就退出内层循环。退出循环能保持 j 不变
        Next j
        If ss <> 0 Then
            x(i) = 1000000: y(i) = 1000000  ' 为推算假设坐标,对测站 i 赋假设坐标值
            Exit For  ' 退出外层循环
        End If
    Next i
    If ss <> 0 Then  ' 控制网既有方向又有边长观测值才能进入下面程序段。i 循环结束时 ss 存在
        ' 为 0 的可能性,那是测角网和测边网的组合,连接点没有测连接角的特殊情况
        k = Seqn(lb(j))  ' 查询 j 方向值照准点号
        x(k) = x(i) + ss * Cos(0): y(k) = y(i) + ss * Sin(0)  ' 根据观测边计算 i 点上 j 方向
        ' 目标点假设坐标,假设方位角为 0 度
        n = 0
        Do
            n = n + 1  ' n 是循环计数变量,控制循环次数,避免假定坐标计算不出时,进入死循环
            For i = 1 To cds  ' 按测站数循环
                If x(i) <> 0 Then  ' 在测站坐标已计算出的前提下,才能求照准点坐标
                    p = 0: d = 0  ' p 记录已知方位角所在方向值编号,d 统计未算出坐标之照准点数
                    For j = nl(i - 1) + 1 To nl(i)  ' 按 i 测站方向号循环,查找坐标已解算出的
                        ' 照准点,求坐标方位角;查找没有解算出的照准点,记下方向号
                        k = Seqn(lb(j))  ' 查询 j 方向照准目标点的点号
                        If x(k) <> 0 Then  ' j 方向照准目标点坐标已解出
                            dx = x(k) - x(i): dy = y(k) - y(i)
                            t = Azimuth(dx,dy): p = j  ' 反算方位角,并以 p 记下所在方向编号 j
                        Else
                            d = d + 1: m(d) = j  ' 用 d 累计未算出坐标之照准点数,m( ) 记下所在
                            ' 方向号
                        End If
                    Next j
                    For j = 1 To d  ' 求未解算照准点坐标,d=0 则循环不执行
                        k = Seqn(lb(m(j)))  ' 查询未解算出坐标之照准点点号
                        tt = t + l(m(j)) - l(p)  ' 计算 m(j) 方向的坐标方位角
                        ss = Sid(i,m(j))  ' 调用自定义函数,查找 m(j) 方向观测边长
                        If ss = 0 Then ss = Side(i,k)  ' 查不到观测边,或者是没有测这条边,或
                        ' 者是 i、k 点又都是已知点。自定义函数 Side() 按已知坐标反算边长,如果
                        ' i、k 中至少有一个不是已知点,返回值 ss 仍然为 0
```

```
                        If ss <> 0 Then x(k) = x(i) + ss * Cos(tt): y(k) = y(i) + ss * Sin(tt)
                            ' 必须确定 ss<>0，才能按坐标增量公式计算照准点坐标，否则会造成两点坐
                            ' 标相同
                Next j
            End If
        Next i
        p = 0
        For k = 1 To zds
            If x(k) = 0 Then p = 1 ' 查看是否还有没解算出坐标的点,有则对 p 赋值，使进入循
                ' 环再次搜索计算
        Next k
        Loop Until p = 0 Or n > cds ' 坐标已全部算出或虽还有未算出的，但根据循环次数已不
        ' 能算出时结束循环
    Else ' ss=0 表明起算点假设坐标赋值没有完成，按三边网重新赋起算点假设坐标，调三边网假
    ' 设坐标计算程序
        For i = 1 To cds
            If ns(i) <> 0 Then Exit For ' 查第一个有观测边的测站
        Next i
        x(i) = 1000000: y(i) = 1000000: k = Seqn(sb(1)): x(k) = x(1) + s(1) * Cos(0): y(k)
        = y(1) + s(1) * Sin(0) ' 对第一点和它的第一条边照准点赋假设坐标
        Call trilateration(p)
    End If
End If
If p = 1 Then Call triangulation(p) ' 调三角网假设坐标计算程序
If p = 1 Then Call trilateration(p) ' 调三边网假设坐标计算程序
If p = 1 Then Call triangulation(p) ' 调三角网假设坐标计算程序
If p = 1 Then Call trilateration(p) ' 调三边网假设坐标计算程序

End Sub

Private Sub triangulation(ps As Single) ' 三角网假设坐标计算通用过程。ps 参数传递坐标解算
' 是否完成的信息

Dim dh(3) As Single,ja As Double
n = 0
Do
  n = n + 1 ' n 是循环计数变量，控制循环次数，避免假定坐标计算不出时，进入死循环
  For i = 1 To cds
      dh(1) = i: k1 = nl(i - 1) + 1: k2 = nl(i)
      For j = k1 To k2 ' 在测站 i 上按方向循环
```

```
            p = 0: k3 = j + 1: If j = k2 Then k3 = k1  ' k3 是 j 顺时针方向下一个方向值编号
          ' 当 j 是最后一个方向值时，k3 取 0 方向值
            dh(2) = Seqn(lb(j)): dh(3) = Seqn(lb(k3)):  ' dh(2)、dh(3) 是测站 i 上两个相邻方
          ' 向值照准点点号，方向由 dh(2) 顺时针旋转到 dh(3)，分别对应 B,A 点
            If k3 = k1 Then  ' k3 是 0 方向，分两种情况计算三角形三个顶点中测站点 i 的夹角
               ja = 2 * pi - l(j)  ' j+1 回到 0 方向
            Else
               ja = l(k3) - l(j)
            End If
            For k = 1 To 3
               If x(dh(k)) <> 0 Then p = p + 1  ' 查询三角形三顶点中已经解算出的点数
            Next k
            If p = 2 And ja < pi Then Call Cotangent(dh(),ja)  ' 如果 3 个点中有两个坐标已
          ' 算出，则调用通用过程 Cotangent，试解算另一点坐标。参数是测站夹角和 3 个顶点点号
         Next j  ' 相邻方向夹角可能大于 180 度，不能组成三角形，所以要排除
      Next i
      ps = 0
      For k = 1 To zds
         If x(k) = 0 Then ps = 1  ' 查看是否还有没解算出坐标的点，有则对 p 赋值，使进入循环再次
            ' 搜索计算
      Next k
   Loop Until ps = 0 Or n > cds  ' 坐标已全部算出或虽还有未算出的点，但根据循环次数已不能算出时
   ' 结束循环


End Sub


Private Sub Cotangent(dh() As Single,ja As Double)  ' 余切公式推算坐标通用过程。ja 是测站
   ' 夹角。dh() 保存顶点点号，其中 dh（1）是测站点，dh（2）和 dh（3）是照准点点号


Dim jd(3) As Double  ' jd() 数组用于保存与 dh() 对应的顶点角度
k1 = 0: k2 = 0: jd(1) = ja
If dh(2) <= cds Then  ' 照准点可能没有设过站，不加判断会造成数组下标超限
   For i = nl(dh(2) - 1) + 1 To nl(dh(2))  ' 求顶点 dh(2) 夹角
      If Seqn(lb(i)) = dh(3) Then k1 = i
      If Seqn(lb(i)) = dh(1) Then k2 = i
   Next i
   If k1 And k2 <> 0 Then
      jd(2) = l(k2) - l(k1)  ' jd(2) 有可能是负值，所以下面要进行相应的处理
      If jd(2) < 0 Then jd(2) = jd(2) + 2 * pi
   End If
```

```
End If
k1 = 0: k2 = 0
If dh(3) <= cds Then
    For i = nl(dh(3) - 1) + 1 To nl(dh(3)) ' 求顶点 dh(3)夹角
        If Seqn(lb(i)) = dh(1) Then k1 = i
        If Seqn(lb(i)) = dh(2) Then k2 = i
    Next i
    If k1 And k2 <> 0 Then
        jd(3) = l(k2) - l(k1)
        If jd(3) < 0 Then jd(3) = jd(3) + 2 * pi
    End If
End If
If jd(2) = 0 And jd(3) <> 0 Then jd(2) = pi - jd(1) - jd(3) ' 如某一方向是单向观测，则有
' 一个夹角计算不出，这里用其他两个夹角计算，使得程序可以解算前方交会点坐标
If jd(3) = 0 And jd(2) <> 0 Then jd(3) = pi - jd(1) - jd(2)
If jd(2) <> 0 And jd(3) <> 0 Then ' 如果遇到后方交会点，jd(2)、jd(3)都等于 0
    If x(dh(1)) = 0 Then p = dh(1): da = dh(3): db = dh(2): ja = jd(3): jb = jd(2) ' 将未
    ' 解算点点号赋予变量p，其余两点按逆时针排列要求
    If x(dh(2)) = 0 Then p = dh(2): da = dh(1): db = dh(3): ja = jd(1): jb = jd(3) ' 将点
    ' 号赋予变量 da、db，对应夹角赋给变量 ja,jb
    If x(dh(3)) = 0 Then p = dh(3): da = dh(2): db = dh(1): ja = jd(2): jb = jd(1)
    Call Intersection(da,db,p,ja,jb) ' 调前方交会计算通用过程
Else
    Call Resection(dh(1)) ' 调后方交会计算通用过程
End If

End Sub


Private Sub trilateration(ps As Single) ' 三边网假设坐标计算通用过程。ps 参数传递坐标解算
' 是否完成的信息


Dim dh(3) As Single,bs(3) As Double ' dh()数组储存三角形顶点点号，bs()储存对边边长
n = 0
Do
    n = n + 1 ' n是循环计数变量，控制循环次数，避免假定坐标计算不出时，进入死循环
    For i = 1 To cds
        For j = ns(i - 1) + 1 To ns(i) - 1 ' 当循环变量终值小于初值时，循环不会执行，但
        ' 也不显示错误
            p = 0: dh(1) = i: dh(2) = Seqn(sb(j)): dh(3) = Seqn(sb(j + 1)) ' dh(1)、dh(2)、
            ' dh(3)分别是测站点点号和顺时方向两相邻测边的照准点点号
```

```
            bs(2) = s(j + 1): bs(3) = s(j) ' bs(2)、bs(3)分别是三角形顶点 dh(2)、dh(3)的对边
            For k = 1 To 3
                If x(dh(k)) <> 0 Then p = p + 1 ' 查询三角形顶点中已经解算出的点数
            Next k
            If p = 2 Then Call Sdcoord(dh(),bs()) ' 如果 3 个点中有两个点坐标已算出，则调
                ' 用通用过程 Sdcoord，试解算另一点坐标
        Next j
    Next i
    ps = 0
    For k = 1 To zds
        If x(k) = 0 Then ps = 1 ' 查看是否还有没解算出坐标的点，有则对 p 赋值，使进入循环再次
            ' 搜索计算
    Next k
Loop Until ps = 0 Or n > cds ' 坐标已全部算出或虽还有未算出的点，但根据循环次数已不能算出时
    ' 结束循环

End Sub

Private Sub Sdcoord(dh() As Single,bs() As Double) ' 三边形推算坐标通用过程

bs(1) = 0
If dh(2) <= cds Then ' ns()数组下标最大值为测站数，无此判断语句，照准点是未设站点时，会出
    ' 现数组下标超限错误
    For i = ns(dh(2) - 1) + 1 To ns(dh(2)) ' 从 dh(2)点查询 d(2)与 dh(3)之间有无观测边，有
        ' 则赋值给 bs(1)
        If sb(i) = dm(dh(3)) Then bs(1) = s(i)
    Next i
End If
If bs(1) = 0 And dh(3) <= cds Then
    For i = ns(dh(3) - 1) + 1 To ns(dh(3)) ' 从 dh(3)点查询 d(3)与 dh(2)之间有无观测边
        If sb(i) = dm(dh(2)) Then bs(1) = s(i)
    Next i
End If
If bs(1) = 0 And x(dh(2)) <> 0 And x(dh(3)) <> 0 Then ' 两个照准点坐标已算出，但它们之间
    ' 没有观测边
    dx = x(dh(3)) - x(dh(2))
    dy = y(dh(3)) - y(dh(2))
    bs(1) = Sqr(dx ^ 2 + dy ^ 2) ' 若 dh(2)和 dh(3)坐标已算出，反算边长。通过反算边长组三
        ' 角形,程序具备处理测边后方交会点功能
Else
```

```
    For j = 1 To yds ' 查询 dh(2)、 dh(3)是否已知点，是用已知坐标反算边长
        If ym(j) = dm(dh(2)) Then d1 = j
        If ym(j) = dm(dh(3)) Then d2 = j
        If d1 <> 0 And d2 <> 0 Then dx = xo(d1) - xo(d2): dy = yo(d1) - yo(d2): bs(1) = Sqr(dx
        ^ 2 + dy ^ 2)
    Next j
End If
If bs(1) <> 0 Then ' 三角形组成,下面计算假设坐标
    If x(dh(1)) = 0 Then p = dh(1): da = dh(3): db = dh(2): sp = bs(1): sa = bs(3): sb1 =
    bs(2) ' 有 sb()数组变量，所以当变量只能用 sb1
    If x(dh(2)) = 0 Then p = dh(2): da = dh(1): db = dh(3): sp = bs(2): sa = bs(1): sb1 = bs(3)
    If x(dh(3)) = 0 Then p = dh(3): da = dh(2): db = dh(1): sp = bs(3): sa = bs(2): sb1 = bs(1)
    ja = Arccos((sb1 ^ 2 + sp ^ 2 - sa ^ 2) / (2 * sb1 * sp)) ' 调反余弦函数算夹角
    jb = Arccos((sa ^ 2 + sp ^ 2 - sb1 ^ 2) / (2 * sa * sp))
    Call Intersection(da,db,p,ja,jb) ' 调角度前方交会函数算坐标
End If

End Sub


Public Sub Resection(k As Single) ' 后方交会坐标计算通用过程,k是测站点号

Dim fh(6) As Single,dh(6) As Single
If zds = 4 Then ' 只有4个点，说明是单纯的角度后方交会图形
    ReDim x(4),y(4) ' 清除假设坐标值
    For i = 1 To yds ' 将已知坐标置入坐标变量
        For j = 1 To zds
            If ym(i) = dm(j) Then x(j) = xo(i): y(j) = yo(i)
        Next j
    Next i
End If
k1 = 0
For i = nl(k - 1) + 1 To nl(k)
    j = Seqn(lb(i))
    If x(j) > 0 Then k1 = k1 + 1: dh(k1) = j: fh(k1) = i ' 照准点已算出的时候，dh()和 fh()
    ' 数组分别记下照准点点号和方向值编号
Next i
If k1 >= 3 Then
    jb = l(fh(2)) - l(fh(1))
    ja = l(fh(3)) - l(fh(2))
    ca = 1 / Tan(ja) ' ca 和 cb 分别是 cotA 和 cotB
```

```
      cb = 1 / Tan(jb)
      xba = x(dh(2)) - x(dh(3)): yba = y(dh(2)) - y(dh(3)): xcb = x(dh(1)) - x(dh(2))
      ycb = y(dh(1)) - y(dh(2)): xca = x(dh(1)) - x(dh(3)): yca = y(dh(1)) - y(dh(3))
      bp1 = yba * ca - ycb * cb - xca
      bp2 = xba * ca - xcb * cb + yca
      tbp = bp1 / bp2
      xbp = (yba * (ca - tbp) - xba * (1 + ca * tbp)) / (1 + tbp ^ 2)
      ybp = xbp * tbp
      x(k) = x(dh(2)) + xbp
      y(k) = y(dh(2)) + ybp
End If

End Sub


Public Sub Intersection(A,b,p,ja,jb) ' 前方交会计算函数

      ctga = 1 / Tan(ja): ctgb = 1 / Tan(jb)
      x(p) = (x(A) * ctgb + x(b) * ctga + y(b) - y(A)) / (ctga + ctgb)
      y(p) = (y(A) * ctgb + y(b) * ctga + x(A) - x(b)) / (ctga + ctgb)


End Sub


Private Function Arccos(y1 As Double) As Double ' 反余弦函数

If y1 = 1 Then
      Arccos = 0
ElseIf y1 = -1 Then
      Arccos = pi
Else
      Arccos = pi / 2 - Atn(y1 / Sqr(1 - y1 ^ 2))
End If


End Function


Private Sub Quandaoshu(i,n,qb,qf) ' 计算边长、方位角权倒数自定义通用过程

Dim dx As Double,dy As Double
Dim bx(4) As Double,fx(4) As Double,xh(4) As Long ' 由于权函数式中只有4个未知数系数不为0,
' 采用数组 bx(4)、fx(4)分别保存边长和方位角权函数式中未知数系数,另用 xh(4)保存对应的未知
' 数编号
```

```
dx = x(n) - x(i): dy = y(n) - y(i)
t = Azimuth(dx,dy)
ss = Sqr(dx ^ 2 + dy ^ 2) ' 反算边长
a1 = Cos(t)
b1 = Sin(t) ' a1 、b1 是边长权函数式系数
a2 = q * Sin(t) * 10 ^ -2 / ss
b2 = -q * Cos(t) * 10 ^ -2 / ss ' a2 、b2 是方位角权函数式系数
p = 0
cha = Charact(i,ys) ' 调用自定义函数查询测站点 i 是否已知点，如不是则用 ys 返回 i 前已知点数
If cha = "n" Then ' 测站点 i 不是已知点
    p = p + 2 ' 用 p 记录权函数式中未知数数目
    d = 2 * (i - ys - 1) + 1 ' 计算测站点 x 坐标未知数编号
    bx(1) = -a1
    bx(2) = -b1 ' 对边长权函数式中测站点 x,y 坐标未知数系数赋值
    fx(1) = a2
    fx(2) = b2 ' 对方位角权函数式中测站点 x,y 坐标未知数系数赋值
    xh(1) = d: xh(2) = d + 1 ' 记录权函数式中测站点 x,y 坐标未知数编号
End If
cha = Charact(n,ys)
If cha = "n" Then ' 照准点 n 不是已知点
    d = 2 * (n - ys - 1) + 1 ' 计算照准点 x 坐标未知数编号
    bx(p + 1) = a1
    bx(p + 2) = b1 ' 对边长权函数式照准点 x,y 系数赋值。假如测站点是待定点，这里 bx()、数
    ' 组的下标就是 3 和 4，反之仍然是 1 和 2
    fx(p + 1) = -a2
    fx(p + 2) = -b2 ' 对方位角权函数式中照准点 x,y 坐标未知数系数赋值
    xh(p + 1) = d
    xh(p + 2) = d + 1 ' 记录权函数式中照准点 x,y 未知数编号
    p = p + 2
End If
For k = 1 To p ' 当测站或照准点之一是已知点时 p=2，反之 p=4
    For j = 1 To p
        k1 = xh(j): k2 = xh(k) ' k1、k2 是 bx(j) bx(k))或者 fx(j)、fx(k) 对应未知数的编号
        If k1 > k2 Then k1 = xh(k): k2 = xh(j) ' 两个未知数系数相乘时，未知数的编号就是法
        ' 方程系数阵二维储存的行号和列号。根据二维储存行号、列号计算一维储存数组元素下标
        ' 法方程系数阵是对称矩阵，行号和列号可互换，上三角阵储存列号大于或等于行号，设 k1
        ' 是行号，k2 是列号，若 k1 > k2，则 k1、k2 值互换
        d = k2 * (k2 - 1) / 2 + k1
        qb = qb + bx(j) * bx(k) * Nx(d)
        qf = qf + fx(j) * fx(k) * Nx(d)
```

```
        Next j
Next k


End Sub


Private Sub Ellipse()  ' 点位中误差/误差椭圆参数计算通用过程


Dim dx As Double,dy As Double
For i = 1 To zds  ' 按点号循环,求点位中误差' 误差椭圆参数
        cha = Charact(i,ys)  ' 自定义函数,查点i是否为已知点,如不是,用k返回i前面有几个已知点
        If cha = "n" Then  ' 不是已知点
                n1 = 2 * (i - ys - 1) + 1  ' 算i点x坐标未知数在未知数中的编号
                n2 = n1 * (n1 + 1) / 2  ' 计算协因数阵中储存i点x坐标未知数权倒数的一维数组变量下标
                n3 = (n1 + 1) * (n1 + 2) / 2  ' 计算协因数阵中储存i点y坐标未知数权倒数的一维数组
                ' 变量下标
                nb(i) = ma * Sqr(Nx(n2) + Nx(n3))  ' 计算点位中误差
                k1 = Sqr((Nx(n2) - Nx(n3)) ^ 2 + 4 * Nx(n3 - 1) ^ 2)
                qe = (Nx(n2) + Nx(n3) + k1) / 2: qf = (Nx(n2) + Nx(n3) - k1) / 2
                E(i) = ma * Sqr(qe): F(i) = ma * Sqr(qf)
                dx = qe - Nx(n3): dy = Nx(n3 - 1)
                A(i) = Azimuth(dx,dy): If A(i) > pi Then A(i) = A(i) - pi
        End If
Next i


End Sub


Private Sub Output()  ' 平面控制网成果计算及输出通用过程


ReDim nb(zds),E(zds),F(zds),A(zds)  ' 确定动态数组nb()、E()、F()、A()容量,分别用于储存点位
' 中误差、误差椭圆长半轴、短半轴、长轴方位角
Call Ellipse  ' 调通用过程计算点位中误差和误差椭圆参数
stri = Text1.Text
stri = stri & "----------------------------------------------------------------------------------"
& Chr(13) & Chr(10)  ' 按一定格式,将坐标平差值及精度指标写入文件,保存在字符型变量中
stri = stri & Space(8) & "平差成果" & Chr(13) & Chr(10)
stri = stri & Space(4) & "点 名" & Space(8) & "X-坐标" & Space(8) & "Y-坐标" & Space(6) &
' "点位中误差" & Space(2) & "误差椭圆长轴E" & Space(2) & "误差椭圆短轴F" & Space(2) & "
' 长轴方位角" & Chr(13) & Chr(10)
For i = 1 To zds
        d1 = dm(i)
```

194　测量平差程序设计

```
        d1 = Format(d1,"@@@@")
        X1 = x(i): X1 = Format$(X1,"000000.000")
        y1 = y(i): y1 = Format$(y1,"000000.000")
        mx = nb(i): mx = Int(mx * 100) / 100: mx = Format$(mx,"00.0")
        e1 = E(i): e1 = Format$(e1,"00.0"):   f1 = F(i): f1 = Format$(f1,"00.0"): a1 = Angle(A(i)):
        a1 = Format$(a1,"000.00")
        d = Space(11) & d1 & Space(6) & X1 & Space(5) & y1 & Space(5) & mx & Space(8) & e1 & Space(12)
        & f1 & Space(8) & a1 & Space(8) & Chr(13) & Chr(10)
        stri = stri & d
Next i
stri = stri & "-------------------------------------------------------------------------"
& Chr(13) & Chr(10) ' 计算边长、坐标方位角及其精度指标，按一定格式保存在字符型变量中
stri = stri & Space(10) & "边长、方位角平差值及精度指标" & Chr(13) & Chr(10) & Space(6) &
' "测站点" & Space(7) & "照准点" & Space(8) & "边长平差值" & Space(10) & "相对中误差" & Space(6)
' & "方位角" & Space(6) & "中误差" & Chr(13) & Chr(10)
For i = 1 To cds
    For j = ns(i - 1) + 1 To ns(i) ' 按观测边循环，求边长、方位角及其精度指标
        k = Seqn(sb(j))
        cha = Charact(i,ys)
        chb = Charact(k,ys)
        If cha = "n" Or chb = "n" Then ' 条件是测站点和照准点不同时是已知点
            Call SideAzimuthAdj(i,k,stri) ' 调用计算边长、方位角及其精度指标通用过程
        End If
    Next j
Next i
For i = 1 To cds
    For j = nl(i - 1) + 1 To nl(i) ' 按方向循环，在两点间没有观测边情况下(三角网、方向交
    ' 会)，计算、输出边、方位角平差值及其精度指标
        k = Seqn(lb(j))
        cha = Charact(i,ys)
        chb = Charact(k,ys)
        ss = Sid(i,j) ' 查观测边长，参数 i 是测站点号，j 是照准方向号
        If ss = 0 And i < k And (cha = "n" Or chb = "n") Then ' 两点间没有观测边及 i<n 条
        ' 件，是为避免重复计算
            Call SideAzimuthAdj(i,k,stri)
        End If
    Next j
Next i
Text1.Text = stri
```

```
End Sub

Private Sub SideAzimuthAdj(i,k,stri) ' 边长、方位角平差值及其中误差计算通用过程。i,k 分别
' 是测站和照准点点号，stri 是已经保存了近似坐标、坐标平差值及其精度指标等内容的字符型变量

Dim dx As Double,dy As Double,t As Double
Call Quandaoshu(i,k,qs,qf) ' 调用通用过程，计算边长、方位角平差值权导数
dx = x(k) - x(i)
dy = y(k) - y(i)
ss = Sqr(dx ^ 2 + dy ^ 2) ' 反算边长平差值
t = Azimuth(dx,dy) ' 反算坐标方位角平差值
t = Angle(t) ' 弧度转角度
xdms = ss / (ma * Sqr(qs) / 100) ' 计算边相对中误差。边长中误差的单位是 cm，边长单位是米，
' 所以除 100
xdms = Int(xdms / 100) * 100 ' 相对中误差分母单位取整数至百米
xdms = Format$(xdms,"0000000") ' 设置边相对中误差输出格式
mf = ma * Sqr(qf) ' 计算方位角中误差，单位是秒
czd = Format$(dm(i),"@@@@")
zzd = Format$(dm(k),"@@@@") ' 设置测站点和照准点输出格式
spcz = Format$(ss,"00000.000") ' 设置边平差值输出格式
fpcz = Format$(t,"000.0000") ' 设置方位角平差值输出格式
fwm = Format$(mf,"000") ' 设置方位角中误差输出格式
stri = stri & Space(6) & czd & Space(8) & zzd & Space(10) & spcz & Space(10) & "1/" & xdms
& Space(6) & fpcz & Space(6) & fwm & Chr(13) & Chr(10)


End Sub

Private Function Heitweight(i,k) ' 高差平差值权倒数计算函数

Dim hx(2) As Double,xh(2) As Single
p = 0
If i > yds Then ' 起点 i 不是已知点
    p = p + 1 ' 用 p 记录权函数式中未知数数目
    hx(1) = -1
    xh(1) = i - yds
End If
If k > yds Then ' 终点 k 不是已知点
    hx(p + 1) = 1
    xh(p + 1) = k - yds
    p = p + 1
End If
```

```
For i = 1 To p ' 当测站或照准点之一是已知点时 p=1, 反之 p=2
    For j = 1 To p
        k1 = xh(i): k2 = xh(j) ' k1、k2 是 hx(i) hx(j)) 对应未知数的编号
        If k1 > k2 Then k1 = xh(j): k2 = xh(i)
        d = k2 * (k2 - 1) / 2 + k1
        Heitweight = Heitweight + hx(j) * hx(i) * Nx(d)
    Next j
Next i

End Function

Public Sub Drawellipse(xp,yp,ks,i,els) ' 绘制误差椭圆通用过程。xp,yp 是控制点屏幕坐标, ks
' 是尺度比, els 是椭圆缩放系数, i 是控制点点号

czhou = E(i) * ks * (els + 4) ' 按比例缩放后的长轴长度, 单位是屏幕坐标系单位
dzhou = F(i) * ks * (els + 4) ' 按比例缩放后的短轴长度

Xe = czhou * Sin(A(i)) ' 长轴正向端点相对于椭圆中心的 X 坐标差, 单位是屏幕坐标系单位
Ye = -czhou * Cos(A(i)) ' 长轴正向端点相对于椭圆中心的 Y 坐标差
Xf = dzhou * Cos(A(i))
Yf = dzhou * Sin(A(i))

xa = Xe + xp ' 长轴正向端点屏幕坐标系 X 坐标
ya = Ye + yp ' 长轴正向端点屏幕坐标系 Y 坐标
For k = 2 To 360 Step 2
    tx = Xe * Cos(pi / 180 * k) + Xf * Sin(pi / 180 * k) + xp ' 椭圆上点 X 坐标
    ty = Ye * Cos(pi / 180 * k) + Yf * Sin(pi / 180 * k) + yp ' 椭圆上点 Y 坐标
    Picture2.Line (tx,ty)-(xa,ya),vbRed ' 椭圆上相邻两点连直线
    xa = tx: ya = ty
Next k

End Sub

Public Sub screen(i,maxx,miny,ks,xp,yp)' 测量坐标转换为屏幕坐标通用过程

    dx = x(i) - maxx: dy = y(i) - miny ' 将要转换的控制点测量坐标, 平移为以(maxx,miny)为
    ' 原点的坐标
    xp = ks * dy + 400: yp = -ks * dx + 400 ' 将坐标轴顺时针旋转90度,并乘以尺度比,将测量
    ' 坐标系坐标转换为屏幕坐标系坐标。加400是避免图形太靠近图片框边缘

End Sub
```

5.2 高程网平差算例

5.2.1 平差数据文件

17,529.3780

143,504.5160

22,18,12.9730,0.158

18,19,−1.5585,0.163

19,18,1.5600,0.163

19,151,−5.0740,0.119

151,19,5.0690,0.119

151,152,2.0715,0.058

152,153,2.9215,0.075

153,4,2.4050,0.111

4,153,−2.4000,0.111

18,17,2.2935,0.220

17,18,−2.2930,0.220

18,22,−12.9730,0.158

153,154,−7.0525,0.064

154,155,−7.1095,0.067

155,141,−8.3275,0.107

141,142,0.1970,0.154

142,143,1.3655,0.148

143,146,5.8570,0.057

146,147,1.5830,0.048

147,148,2.0090,0.063

148,149,−0.8900,0.063

149,G150,0.7130,0.062

G150,151,6.6420,0.107

143,144,−6.168,0.052

144,143,6.173,0.052

149,26,−1.728,0.044

26,149,1.734,0.044

5.2.2 平差成果

近似高程值

点名	近似值
17	529.378
143	504.516
22	514.112
18	527.085
19	525.526
151	520.43
152	522.502
153	525.423
4	527.828
154	518.371
155	511.261
141	502.934
142	503.151
146	510.373
147	511.956
148	513.965
149	513.075
150	513.788
144	498.348
26	511.347

高程平差值及其精度指标

点名	平差值	中误差
17	529.378	0.0
143	504.516	0.0
22	514.108	0.6

18	527.081	0.4
19	525.519	0.5
151	520.446	0.5
152	522.518	0.6
153	525.440	0.6
4	527.842	0.7
154	518.387	0.6
155	511.278	0.6
141	502.952	0.6
142	503.150	0.5
146	510.375	0.3
147	511.960	0.4
148	513.972	0.5
149	513.084	0.5
150	513.800	0.5
144	498.346	0.2
26	511.353	0.6

高差平差值及其中误差

起点	终点	高差平差值	中误差
22	18	12.972	0.4
18	19	− 1.561	0.4
19	18	1.561	0.4
19	151	− 5.073	0.3
151	19	5.073	0.3
151	152	2.071	0.3
起点	终点	高差平差值	中误差
152	153	2.921	0.4
153	4	2.402	0.3
4	153	− 2.402	0.3
18	17	2.296	0.4
17	18	− 2.296	0.4

18	22	− 12.972	0.4
153	154	− 7.052	0.3
154	155	− 7.109	0.4
155	141	− 8.326	0.4
141	142	0.197	0.5
142	143	1.366	0.5
143	146	5.859	0.3
146	147	1.584	0.3
147	148	2.011	0.3
148	149	− 0.887	0.3
149	150	0.715	0.3
150	151	6.646	0.4
143	144	− 6.170	0.2
144	143	6.170	0.2
149	26	− 1.730	0.2
26	149	1.730	0.2

总点数：20\已知点数：2\高差观测值数：27\多余观测数：9\单位权中误差：0.56

5.3 导线网平差算例

5.3.1 平差数据文件

6,3,2
313,23304.327,25380.852
44,22006.919,24692.991
46,21819.461,24676.592
46
44,L,0
301,L,263.5218
301,S,125.151
301
46,L,0

302,L,239.5646

302,S,395.436

302

301,L,0

303,L,179.3101

303,S,382.457

309,L,239.1443

309,S,625.969

303

302,L,0

304,L,178.3702

304,S,172.560

306,L,239.0551

306,S,250.720

304

303,L,0

305,L,240.3355

305,S,164.973

305

304,L,0

307,L,179.1924

307,S,175.736

306,L,269.3802

306,S,149.954

306

303,L,0

308,L,179.5707

308,S,180.584

307

305,L,0

308,L,268.2829

308,S,151.733

308

307,L,0

309,L,182.2508

309,S,335.231

306,L,272.0355

309

308,L,0

310,L,90.2237

310,S,303.477

328,L,178.5134

328,S,296.609

310

309,L,0

311,L,180.2839

311,S,462.417

311

310,L,0

312,L,223.2306

312,S,192.287

312

311,L,0

313,L,233.2150

313,S,235.851

313

312,L,0

314,L,181.3229

314,S,341.465

314

313,L,0

315,L,181.1713

315,S,181.621

319,L,269.2930

319,S,276.1

315

314,L,0

316,L,174.5716

316,S,148.488

318,L,259.5108

318,S,239.724

316

315,L,0

317,L,258.4818

317,S,238.163
317
316,L,0
326,L,179.5222
326,S,239.022
326
317,L,0
327,L,95.4705
327,S,159.034
325,L,275.5710
325,S,199.274
325
318,L,0
318,S,248.848
326,L,89.4114
324,L,269.4214
324,S,230.185
318
315,L,0
315,S,239.724
325,L,180.0220
324
325,L,0
323,L,87.5254
323,S,296.343
321,L,105.4530
321,S,71.378
320,L,254.5930
320,S,56.871
323
324,L,0
328,L,272.5320
328,S,373.976
328
323,L,0
309,L,178.0252

5.3.2 平差成果

近似坐标值

点名	X坐标	Y坐标
46	021819.461	024676.592
301	021817.019	024551.459
302	022155.319	024346.756
303	022480.833	024146.020
304	022625.473	024051.932
305	022771.768	024128.159
306	022703.338	024261.536
307	022928.549	024207.525
308	022863.670	024344.603
309	022707.635	024641.261
310	022975.273	024784.288
311	023381.250	025005.612
312	023440.721	025188.459
313	023304.327	025380.852
314	023099.434	025653.986
315	022987.219	025796.779
316	022906.098	025921.138
317	022685.170	025832.228
326	022463.247	025743.489
325	022556.011	025567.137
318	022775.598	025684.188
324	022663.223	025363.461
323	022396.085	025235.222
328	022574.822	024906.452
44	022006.919	024692.991
319	022877.102	025490.311
327	022389.623	025884.443
321	022611.461	025314.320
320	022718.689	025376.007

控制点平差值及其精度指标

点名	X坐标	Y坐标	点位中误差	误差椭圆长轴	误差椭圆短轴	长轴方位角
46	21819.461	24676.592	0.00	0.00	0.00	0.00

点名	X坐标	Y坐标	点位中误差	误差椭圆长轴	误差椭圆短轴	长轴方位角
301	21816.994	24551.465	0.90	0.60	0.60	163.48
302	22155.296	24346.719	1.70	1.50	0.90	50.16
303	22480.815	24145.941	2.30	2.10	1.10	53.02
304	22625.450	24051.822	2.70	2.40	1.20	53.01
305	22771.766	24128.026	2.90	2.60	1.40	64.22
306	22703.342	24261.456	2.70	2.30	1.50	71.06
307	22928.573	24207.364	3.30	3.00	1.50	77.08
308	22863.688	24344.522	3.10	2.60	1.60	88.36
309	22707.656	24641.225	2.80	2.40	1.40	118.09
310	22975.314	24784.254	2.60	2.20	1.40	124.39
311	23381.309	25005.607	1.70	1.50	0.90	14.31
312	23440.764	25188.471	1.30	1.10	0.60	37.35
313	23304.327	25380.852	0.00	0.00	0.00	0.00
314	23099.359	25653.957	1.90	1.80	0.60	35.18
315	22987.096	25796.726	2.50	2.40	0.90	34.17
316	22905.931	25921.069	3.00	2.80	1.00	33.01
317	22685.017	25832.086	3.30	3.00	1.40	46.43
326	22463.107	25743.275	3.80	3.30	1.80	63.03
325	22555.932	25566.941	3.40	2.80	2.00	69.18
318	22775.502	25684.051	2.90	2.50	1.40	47.21
324	22663.219	25363.288	3.30	2.50	2.20	68.57
323	22396.113	25234.940	3.50	2.70	2.20	81.56
328	22574.849	24906.441	3.00	2.50	1.70	116.09
44	22006.919	24692.991	0.00	0.00	0.00	0.00
319	22877.055	25490.213	2.90	2.50	1.50	90.14
327	22389.435	25884.215	4.30	3.90	1.80	56.48
321	22611.471	25314.125	3.40	2.50	2.30	71.06
320	22718.684	25375.855	3.40	2.50	2.20	64.09

边长、方位角平差值及精度指标

测站点	照准点	边长平差值	相对中误差	坐标方位角	中误差
46	301	125.151	1/22000	268.5214	11
301	302	395.436	1/59500	328.4901	7
302	303	382.458	1/58500	328.2002	8
302	309	625.968	1/90700	28.0356	8
303	304	172.562	1/31200	326.5648	11
303	306	250.723	1/46900	27.2603	10
304	305	164.970	1/30800	27.3040	11
305	307	175.736	1/32900	26.5015	12
305	306	149.952	1/30700	117.0856	12
306	308	180.585	1/35000	27.2309	11
307	308	151.731	1/28100	115.1902	12
308	309	335.230	1/52400	117.4421	8
309	310	303.476	1/48300	28.0708	9
309	328	296.609	1/47100	116.3558	10
310	311	462.416	1/67800	28.3559	9
311	312	192.286	1/32500	71.5920	10
312	313	235.851	1/38700	125.2039	10
313	314	341.465	1/52900	126.5319	11
314	315	181.621	1/30800	128.1044	12
314	319	276.100	1/44200	216.2228	16
315	316	148.488	1/26000	123.0804	12
315	318	239.724	1/57300	208.0208	11
316	317	238.162	1/41300	201.5621	12
317	326	239.021	1/41400	201.4843	12
326	327	159.034	1/27200	117.3550	17
326	325	199.274	1/33800	297.4547	12
325	318	248.849	1/43400	28.0425	11
325	324	230.185	1/37900	297.4651	12
318	315	239.724	1/57300	28.0208	11
324	323	296.343	1/47100	205.3953	11
324	321	71.378	1/12900	223.3158	16
324	320	56.871	1/10400	12.4558	16
323	328	373.976	1/56900	298.3302	11

总点数：29\已知点数：3\方向观测值数：59\边长观测值数：33
多余观测数：16\单位权中误差：10.54 秒

5.3.3　控制网图

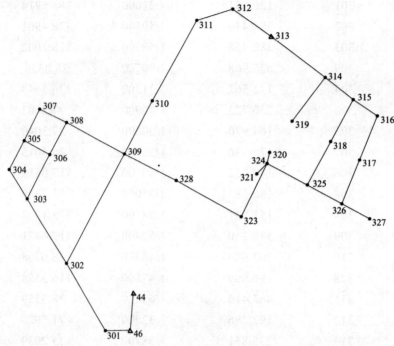

图 5.2　导线控制网图

5.4　三角网平差算例

5.4.1　平差数据文件

2,2,3

0,80979.900,64417.065

1,72134.873,61113.144

2,69824.179,71304.954

0

8,L,0

3,L,36.20344

1,L,79.14251

1

0,L,0

3,L,62.50345

4,L,129.180750

2

7,L,0

4,L,147.495990

3,L,236.482500

8,L,288.052060

3

2,L,0

4,L,60.214020

1,L,132.233400

0,L,206.390860

8,L,274.461930

4

1,L,0

3,L,41.303340

2,L,72.102930

5

7,L,0

6,L,59.005580

6

5,L,0

7,L,63.36160

8,L,128.575710

7

2,L,0

8,L,72.245280

6,L,131.384310

5,L,189.013030

8

6,L, 0

7,L,55.242780

2,L,91.045370

3,L,134.341540

0,L,210.063310

5.4.2 平差成果

近似坐标值

点名	X 坐标	Y 坐标
0	080979.900	064417.065
1	072134.873	061113.144
2	069824.179	071304.954
3	072910.989	067745.320
4	063852.884	065936.356
5	071733.305	081711.669
6	076514.363	077998.692
7	070965.589	075319.716
8	076641.548	071568.669

控制点平差值及其精度指标

点名	X 坐标	Y 坐标	点位中误差	误差椭圆长轴	误差椭圆短轴	长轴方位角
0	80979.900	64417.065	0.00	0.00	0.00	0.00
1	72134.873	61113.144	0.00	0.00	0.00	0.00
2	69824.179	71304.954	0.00	0.00	0.00	0.00
3	72911.118	67745.305	3.70	3.10	2.00	123.27
4	63853.083	65936.431	7.40	5.80	4.60	30.37
5	71733.554	81711.335	14.60	12.20	8.00	74.03
6	76514.468	77998.403	11.10	9.20	6.10	41.54
7	70965.828	75319.537	6.80	6.10	2.90	67.33
8	76641.598	71568.566	5.90	5.00	3.20	163.45

边长、方位角平差值及精度指标

测站点	照准点	边长平差值	相对中误差	坐标方位角	中误差
0	8	8364.498	1/196500	121.1432	1
0	3	8728.255	1/306900	157.3505	1
1	3	6677.434	1/243700	83.1928	1
1	4	9583.952	1/194700	149.4701	1
2	7	4173.756	1/068300	74.0732	1

测站点	照准点	边长平差值	相对中误差	坐标方位角	中误差
2	4	8029.634	1/138600	221.5730	1
2	3	4711.718	1/150400	310.5555	1
2	8	6822.514	1/141700	2.1252	1
3	4	9236.883	1/158300	191.1736	1
3	8	5341.705	1/130800	45.4213	1
5	7	6437.739	1/069300	263.0903	2
5	6	6053.347	1/070500	322.0960	2
6	7	6161.472	1/089100	205.4616	2
6	8	6431.093	1/085000	271.0758	2
7	8	6803.246	1/119400	326.3225	2

总点数：9\已知点数：3\方向观测值数：32\边长观测值数：0

多余观测数：11\单位权中误差：1.39

5.4.3 控制网图

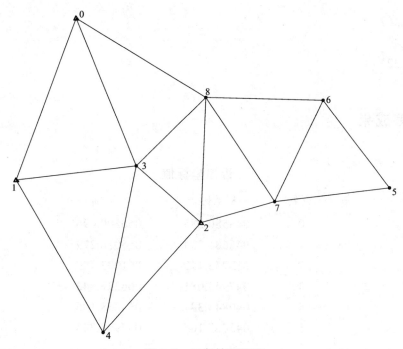

图 5.3 三角控制网图

5.5 三边网平差算例

5.5.1 平差数据文件

2,2,3
0,48580.2851,60500.496
1,48681.3338,55018.2788
0
1,S,5483.158
2,S,5187.342
3,S,5760.706
4,S,8884.587
5,S,5438.382
1
2,S,7838.880
5,S,5731.788
2
3,S,7804.566
3
4,S,7228.367
4
5,S,7493.323

5.5.2 平差成果

近似坐标值

点名	X 坐标	Y 坐标
0	048580.285	060500.496
1	048681.334	055018.279
2	053743.149	061003.749
3	047943.081	066225.842
4	040843.387	064868.106
5	043767.165	057968.743

控制点平差值及其精度指标

点名	X 坐标	Y 坐标	点位中误差	误差椭圆长轴 E	误差椭圆短轴 F	长轴方位角
0	48580.285	60500.496	0.00	0.00	0.00	0.00
1	48681.334	55018.279	0.00	0.00	0.00	0.00
2	53743.148	61003.781	2.90	2.60	1.20	105.26
3	47943.019	66225.841	3.90	3.60	1.40	11.30
4	40843.326	64868.003	4.70	4.30	1.80	49.27
5	43767.201	57968.660	2.30	2.00	1.20	89.39

边长、方位角平差值及精度指标

测站点	照准点	边长平差值	相对中误差	方位角	中误差
0	2	5187.335	1/419200	5.3404	1
0	3	5760.702	1/401400	96.2104	1
0	4	8884.574	1/460900	150.3319	1
0	5	5438.380	1/391000	207.4445	1
1	2	7838.890	1/442200	49.4646	1
1	5	5731.793	1/401900	149.0112	1
2	3	7804.576	1/436600	138.0008	1
3	4	7228.373	1/410700	190.4938	1
4	5	7493.329	1/414600	292.5800	1

总点数：6\已知点数：2\方向观测值数：0\边长观测值数：10

多余观测数：2\单位权中误差：1.534

5.5.3 控制网图

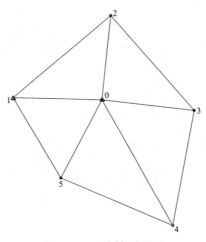

图 5.4 三边控制网图

5.6 混合结构控制网平差算例

5.6.1 平差数据

2,2,3
sj4,26360.848,7253.156
sb15,9883.880,7775.060
dx5,17057.871,9897.210
dx1
sj11,L,0
sj11,S,1783.794
dx2,L,98.2700
dx2,S,2909.253
dx11,L,145.4659
dx11,S,2142.056
dx2
dx1,L,0
dx6,L,60.2614
dx6,S,1859.274
dx5,L,146.3557
dx5,S,1857.511
dx4,L,224.1602
dx4,S,1582.541
dx3
dx5,L,0
dx5,S,1724.952
sb8,L,174.3725
sb8,S,1349.750
dx4
dx2,L,0
sb1,L,213.4827
sb1,S,1678.369
dx5
dx2,L,0
dx3,L,243.0204
dx6
sj12,L,0

sj12,S,1087.561

dx9,L,111.2531

dx9,S,2635.693

dx2,L,204.0644

dx7

dx8,L,0

dx8,S,1858.859

dx9,L,200.5405

dx9,S,2026.279

dx8

sb8,L,0

sb8,S,2729.865

dx7,L,74.3840

dx9

dx6,L,0

sj3,L,43.1813

sj3,S,2544.428

dx7,L,234.1005

dx10

dx11,L,0

dx11,S,1992.690

sb3,L,190.0608

sb3,S,2430.664

dx11

dx1,L,0

dx10,L,187.0742

sj11

sj9,L,0

sj10,L,51.1339

sj12,L,108.2238

sj12,S,1464.736

dx1,L,209.4545

jjh

sj3,L,0

sj7,L,54.3913

sj1,L,126.0138

bjh

dx9,S,2061.386

sj3,S,2189.872

jjh,S,2315.721
sb15
sb2,S,2732.941
sb4,S,2638.184
sb5,S,2273.619
sb6,S,1591.978
sb1
sb7,S,1899.176
sb5,S,2549.894
sb4,S,2376.577
sb3,S,2745.142
sb2
sb3,S,2297.902
sb4,S,1905.283
sb3
dx10,L,0
sb1,L,40.5823
sb4,S,1782.405
sb4
sb5,S,1891.126
sb5
sb7,S,1642.500
sb9,S,2190.564
sb6,S,1944.524
sb6
sb9,S,2265.923
sb10,S,1604.772
sb7
sb8,S,2002.950
sb9,S,2018.228
sb8
dx3,L,0
dx8,L,82.0655
sb11,S,2370.145
sb9,S,1881.330
sb9
sb11,S,1820.162
sb10,S,1944.350
sb10

sb11,S,2352.732

sj1

sj7,L,0

sj5,L,32.3538

sj4,L,76.2023

sj2

sj6,L,0

sj8,L,44.2928

sj9,L,93.5219

sj3

sj12,L,0

sj10,L,45.4006

sj7,L,100.1118

dx9,L,255.0648

sj4

sj1,L,0

sj5,L,39.5206

sj6,L,80.3452

sj5

sj1,L,0

sj7,L,109.2013

sj8,L,156.5803

sj6,L,194.2349

sj4,L,263.3652

sj6

sj8,L,0

sj2,L,82.3202

sj4,L,212.1053

sj5,L,282.1504

sj7

sj1,L,0

sj3,L,148.2457

sj10,L,199.3013

sj8,L,260.4714

sj5,L,321.5552

sj8

sj7,L,0

sj10,L,72.5242

sj9,L,116.0809

sj2,L,170.5839

sj6,L,223.5660

sj5,L,288.4622

sj9

sj2,L,0

sj8,L,75.4632

sj10,L,170.4721

sj11,L,222.5545

sj10

sj12,L,0

sj11,L,71.2455

sj9,L,148.0256

sj8,L,189.4646

sj7,L,235.3701

sj3,L,310.0036

sj11

sj12,L,0

sj12,S,1464.736

dx1,L,101.2308

sj9,L,251.3723

sj10,L,302.5100

sj12

sj11,L,0

sj10,L,51.2605

sj3,L,135.4633

dx6,L,236.0938

5.6.2 平差成果

近似坐标值

点名	X 坐标	Y 坐标
dx1	19418.341	5977.396
dx2	17398.538	8071.202
dx3	15403.069	10384.124
dx4	15816.759	8119.900
dx5	17057.871	9897.210

点名	X 坐标	Y 坐标
dx6	19199.333	8533.788
dx7	16814.502	11942.298
dx8	15500.414	13257.013
dx9	18663.967	11114.515
dx10	15305.713	5636.554
dx11	17276.854	5928.708
sj11	20870.192	7013.739
jjh	22847.635	11310.482
bjh	20593.349	11840.278
sb15	9883.880	7775.060
sb1	14394.117	7229.412
sb2	10724.312	5174.563
sb3	13001.118	4863.972
sb4	12155.048	6432.764
sb5	12090.530	8322.782
sb6	10398.766	9281.469
sb7	13605.583	8957.153
sb8	14149.622	10884.792
sb9	12307.535	10502.573
sb10	10401.400	10886.252
sj1	25910.604	10448.166
sj2	23346.323	6408.886
sj3	20748.817	9655.949
sj4	26360.848	7253.156
sj5	24695.391	8758.542
sj6	24128.634	7307.421
sj7	22951.028	9271.523
sj8	23257.347	7886.212
sj9	22351.653	7163.077
sj10	21528.557	8026.903
sj11	20870.194	7013.733
sj12	20271.319	8350.441
sb11	12265.131	12322.235

控制点平差值及其精度指标

点名	X坐标	Y坐标	点位中误差	误差椭圆长轴	误差椭圆短轴	长轴方位角
dx1	19418.403	5977.433	7.0	5.7	4.0	41.24
dx2	17398.546	8071.211	4.4	3.7	2.4	10.52
dx3	15403.082	10384.149	4.2	3.6	2.2	80.23
dx4	15816.758	8119.903	5.4	3.9	3.7	52.39
dx5	17057.871	9897.210	0.0	0.0	0.0	0.00
dx6	19199.332	8533.833	6.2	4.7	4.1	78.47
dx7	16814.368	11942.323	8.0	5.9	5.4	6.39
dx8	15500.316	13257.103	8.0	6.6	4.7	174.52
dx9	18663.866	11114.557	7.8	5.8	5.2	17.08
dx10	15305.737	5636.541	8.2	6.6	4.9	82.55
dx11	17276.896	5928.711	8.1	6.3	5.1	81.30
sj11	20870.260	7013.829	8.5	7.0	4.7	45.40
jjh	22847.550	11310.615	13.2	10.9	7.5	91.06
bjh	20593.242	11840.377	9.7	7.7	5.9	138.42
sb15	9883.880	7775.060	0.0	0.0	0.0	0.00
sb1	14394.117	7229.398	5.4	4.6	2.9	77.22
sb2	10724.303	5174.545	5.4	4.4	3.1	12.29
sb3	13001.121	4863.947	6.1	5.2	3.2	39.48
sb4	12155.046	6432.745	4.7	3.8	2.7	46.23
sb5	12090.539	8322.770	4.1	3.2	2.5	98.57
sb6	10398.775	9281.473	4.1	3.5	2.1	153.34
sb7	13605.590	8957.144	5.1	3.9	3.3	95.30
sb8	14149.622	10884.797	5.0	4.2	2.6	92.11
sb9	12307.535	10502.556	4.4	3.4	2.8	120.06
sb10	10401.419	10886.243	5.0	3.7	3.3	173.55
sj1	25910.595	10448.366	14.4	11.4	8.9	47.16
sj2	23346.333	6409.071	11.2	9.1	6.5	109.11
sj3	20748.780	9656.035	8.1	6.3	5.1	89.00

点名	X坐标	Y坐标	点位中误差	误差椭圆长轴	误差椭圆短轴	长轴方位角
Sj4	26360.848	7253.156	0.0	0.0	0.0	0.00
sj5	24695.314	8758.691	8.6	6.4	5.7	161.57
sj6	24128.736	7307.678	9.0	7.2	5.3	155.29
sj7	22950.979	9271.651	8.9	6.7	5.9	109.28
sj8	23257.341	7886.363	8.2	6.2	5.5	127.32
sj9	22351.700	7163.230	9.0	6.6	6.1	108.10
sj10	21528.580	8027.005	7.6	5.9	4.7	85.17
sj11	20870.243	7013.820	7.5	6.1	4.4	65.24
sj12	20271.327	8350.514	6.8	5.3	4.2	79.06
sb11	12265.104	12322.222	5.7	4.5	3.5	169.55

边长、方位角平差值及精度指标

测站点	照准点	边长平差值	相对中误差	方位角	中误差
dx1	sj11	1783.799	1/76800	35.3115	4
dx1	dx2	2909.249	1/93200	133.5814	3
dx1	dx11	2142.061	1/81000	181.1812	6
dx2	dx6	1859.261	1/80100	14.2428	4
dx2	dx5	1857.507	1/77400	100.3405	4
dx2	dx4	1582.537	1/75600	178.1413	5
dx3	dx5	1724.945	1/76100	343.3611	4
dx3	sb8	1349.745	1/69700	158.1339	5
dx4	sb1	1678.364	1/77900	212.0241	5
dx6	sj12	1087.557	1/66600	350.1745	5
dx6	dx9	2635.690	1/88800	101.4318	4
dx7	dx8	1858.864	1/75600	134.5903	6
dx7	dx9	2026.287	1/77700	335.5319	5
dx8	sb8	2729.873	1/82500	240.2040	5
dx9	sj3	2544.436	1/88400	325.0130	4
dx10	dx11	1992.694	1/79200	8.2552	5
dx10	sb3	2430.670	1/84300	198.3159	5
sj11	sj12	1464.735	1/78200	114.0809	7

测站点	照准点	边长平差值	相对中误差	方位角	中误差
Bjh	dx9	2061.385	1/77000	200.3658	5
bjh	sj3	2189.873	1/77600	274.0423	5
bjh	jjh	2315.719	1/79300	346.4632	9
sb15	sb2	2732.945	1/87200	287.5434	3
sb15	sb4	2638.183	1/94800	329.2457	3
sb15	sb5	2273.616	1/89100	13.5622	3
sb15	sb6	1591.979	1/74500	71.0746	4
sb1	sb7	1899.179	1/80800	114.3153	5
sb1	sb5	2549.889	1/94500	154.3633	3
sb1	sb4	2376.572	1/91200	199.3507	3
sb1	sb3	2745.140	1/92200	239.3023	3
sb2	sb3	2297.906	1/84800	352.1355	4
sb2	sb4	1905.280	1/79200	41.1943	4
sb3	sb4	1782.405	1/78000	118.2019	4
sb4	sb5	1891.126	1/81500	91.5717	4
sb5	sb7	1642.501	1/74000	22.4311	4
sb5	sb9	2190.560	1/89900	84.1854	3
sb5	sb6	1944.524	1/78800	150.2737	3
sb6	sb9	2265.923	1/87600	32.3629	3
sb6	sb10	1604.773	1/73100	89.5420	5
sb7	sb8	2002.953	1/80400	74.1423	4
sb7	sb9	2018.229	1/84000	130.0142	3
sb8	sb11	2370.147	1/85600	142.3955	4
sb8	sb9	1881.328	1/82100	191.4322	4
sb9	sb11	1820.160	1/80000	91.2009	4
sb9	sb10	1944.349	1/77900	168.3708	4
sb10	sb11	2352.734	1/84900	37.3652	4
sj11	sj12	1464.736	1/79400	114.0806	5
sj11	sj9	1488.954	1/21900	5.4531	5

测站点	照准点	边长平差值	相对中误差	方位角	中误差
sj11	sj10	1208.267	1/26000	56.5909	6
jjh	sj3	2672.540	1/29800	218.1503	5
jjh	sj7	2041.586	1/22300	272.5414	7
jjh	sj1	3182.093	1/26600	344.1641	7
sj1	sj7	3184.962	1/31700	201.4056	5
sj1	sj5	2081.324	1/21900	234.1629	6
sj1	sj4	3226.777	1/32300	278.0116	7
sj2	sj6	1191.491	1/18900	48.5716	6
sj2	sj8	1479.971	1/23800	93.2650	6
sj2	sj9	1248.219	1/19100	142.4946	6
sj3	sj12	1390.089	1/31400	249.5442	5
sj3	sj10	1806.053	1/45100	295.3448	5
sj3	sj7	2235.494	1/43100	350.0556	4
sj4	sj5	2245.136	1/35400	137.5318	5
sj4	sj6	2232.777	1/32100	178.3603	5
sj5	sj7	1818.195	1/33800	163.3646	5
sj5	sj8	1681.881	1/35300	211.1433	5
sj5	sj6	1557.706	1/33100	248.4015	6
sj6	sj8	1046.044	1/23700	146.2444	5
sj7	sj10	1890.070	1/39700	221.1113	5
sj7	sj8	1418.759	1/33400	282.2814	5
sj8	sj10	1734.472	1/37400	175.2056	4
sj8	sj9	1158.925	1/24800	218.3624	5
sj9	sj10	1193.161	1/29100	133.3710	6
sj9	sj11	1488.972	1/26500	185.4532	5
sj10	sj12	1298.207	1/45800	165.3412	5
sj10	sj11	1208.285	1/34300	236.5907	5

总点数：38\已知点数：3\方向观测值数：89\边长观测值数：46

多余观测数：38\单位权中误差：6.60

5.6.3 控制网图

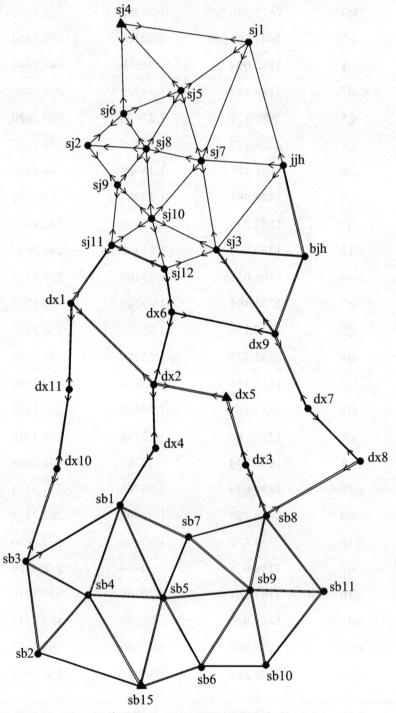

图 5.5 混合结构控制网图

参考文献

[1] 武汉大学测绘学院测量平差学科组. 误差理论与测量平差基础[M]. 武汉：武汉大学出版社，2003.

[2] 吴俊昶. BASIC 程序设计与测量计算程序[M]. 北京：测绘出版社，1986.

[3] 刘秉文. 精通 Visual Basic 6.0 中文版[M]. 北京：电子工业出版社，1999.

[4] Thearon Willis\Bryan Newsome. Visual Basic 2010 入门经典[M]. 吴伟敏，李国芳，译. 北京：清华大学出版社，2011.

参考文献